国家林业和草原局普通高等教育"十三五"规划教材

高等院校园林与风景园林专业系列教材

Rainwater
Landscape Design

雨水 景观设计

徐海顺　赵　兵◎编

中国林业出版社
China Forestry Publishing House

内容简介

本教材在理论与实践相结合的总体框架思路下，系统全面地介绍雨水景观概念与内涵、传统生态理水思想与法式、现代雨洪管理理论与体系、绿色雨水景观基础设施的措施与途径、雨水景观设计方法与技术，以及雨水景观案例。旨在立足本土、传承历史、中西交融，帮助读者构建根植于融合本土文化与生态文明的现代雨水景观设计理念思维与专业技能体系。

本教材可作为高等院校园林、风景园林、环境设计、建筑学、城乡规划以及市政给排水工程、环境科学与工程、生态学、水文学等相关专业的教材，也可供从事园林、生态、环境、市政、建筑、规划、水文等相关专业从业人员学习和参考。

图书在版编目（CIP）数据

雨水景观设计 / 徐海顺，赵兵编. —北京：中国林业出版社，2022.3（2024.1重印）

国家林业和草原局普通高等教育"十三五"规划教材 高等院校园林与风景园林专业系列教材

ISBN 978-7-5219-1572-3

Ⅰ.①雨… Ⅱ.①徐… ②赵… Ⅲ.①雨水资源—水资源管理—景观设计—高等学校—教材 Ⅳ.①TU986

中国版本图书馆CIP数据核字（2022）第025821号

中国林业出版社 · 教育分社

策划编辑：康红梅　　　**责任编辑：**康红梅　田　娟　　　**责任校对：**苏　梅

电话：83143551　83143634　　　**传真：**83143516

出版发行　中国林业出版社（100009　北京市西城区刘海胡同7号）

E-mail：jiaocaipublic@163.com

http://www.forestry.gov.cn/lycb.html

印　　刷　北京中科印刷有限公司

版　　次　2022年3月第1版

印　　次　2024年1月第2次印刷

开　　本　889mm×1194mm　1/16

印　　张　9

字　　数　242千字

定　　价　56.00元

前　言

　　雨水是自然界水循环的阶段性产物，是城市水循环系统中的关键要素，更是城市中"放错位置的宝贵资源"。当前，雨洪管理是城市人居环境领域的前沿热点。到2030年，我国城市建成区80%以上的面积必须实现"小雨不积水、大雨不内涝、水体不黑臭、热岛有缓解"的"全域海绵"建设目标。通过将雨洪管理与景观生态有机耦合，充分发挥雨水价值，科学合理地开展雨水景观设计，对于有效解决城市雨洪问题，提升人居生态环境建设品质与水平，实现城市可持续高质量发展，具有重要的理论意义与实践价值。

　　本教材在理论与实践相结合的总体框架思路下，共分为5章。第1章：雨水景观基础知识，第2章：传统生态理水，第3章：现代雨洪管理，第4章：雨水景观设计原理与方法，第5章：雨水景观案例。力求系统全面地介绍雨水景观的概念与内涵，传统造园与治水理水生态智慧的内涵与法式，以及现代雨洪管理的国内外相关理论、方法与体系，绿色雨水景观基础设施的技术措施与途径，雨水景观设计的原理、方法与技术。旨在"传承历史""中西交融"，以博大精深的传统园林造园理水艺术与手法和生态治水理水智慧作为切入点，使读者深层次理解传统景观水文化的精华，并透过历史的留存思考现代人居环境的时代发展需求和传统文化的弘扬、传承与创新之间的契合点；同时，注重中西方现代雨洪管理与雨水景观规划设计理论与方法的融会贯通，强调基于国情、立足本土，将现代生态水文明理念融合落实到我国城市人居环境建设实践，构建根植于本土文化与生态文明的现代雨水景观设计理念及思维体系与技能，树立设计行业的民族自信。

　　本教材可作为高等院校园林、风景园林、环境设计、建筑学、城乡规划以及市政给排水工程、环境科学与工程、生态学、水文学等相关专业的教学用书，也可供从事园林、生态、环境、市政、建筑、规划、水文等相关专业从业人员学习和参考。

　　在教材编写过程中，得到了中国林业出版社和南京林业大学教务处与风景园林学院的大力支持；研究生钟彤昕、秦雪、郭艳萍、杨林山、张云飞、高景、巩丰维、钱宸、洪雅婷、李圆圆、盛开、程家庆等在书稿资料收集、插图绘制、编写过程中提供了大量辅助的工作。本教材得到了江苏高校品牌专业建设工程项目（园林、风景园林）、江苏高校优势学科建设工程资助项目（风景园林学）资助。在此致以诚挚谢意！

　　雨水景观属于新兴交叉学科，由于时间仓促，加之作者学识有限，虽尽力而为，仍自感不足。不妥之处，恳请读者批评指正。

编　者

2021年12月

目 录

前言

第1章 雨水景观基础知识

1.1 水景观概述 1
1.1.1 水景观的相关概念 1
1.1.2 水景观的产生与发展 1
1.1.3 水景观的功能作用 3
1.1.4 水景观的基本设计要素 6
1.2 水文化概述 9
1.2.1 中国水文化简史 9
1.2.2 外国水文化简史 10
1.2.3 中西方水文化比较 11
1.3 水与城市概述 12
1.3.1 人与自然和谐的城市理水观 12
1.3.2 水对城市规划的影响 12
1.3.3 城市水系规划的具体内容 15
1.4 雨水景观概述 16
1.4.1 传统雨洪管理模式的弊端 16
1.4.2 绿地景观与生态雨洪管理 17
1.4.3 雨水景观的概念提出 17
1.4.4 雨水景观的内涵发展 19
1.5 雨水景观相关学科 19
1.5.1 生态水文学 19
1.5.2 景观生态学 19
1.5.3 社会水文学 20
1.5.4 水资源经济学 20
复习思考题 21
推荐阅读书目 21

第2章 传统生态理水

2.1 中国古典园林生态理水艺术 22
2.1.1 中国古典园林理水思想 22
2.1.2 中国古典园林理水手法 30
2.1.3 中国古典园林理水案例 36
2.2 中国传统生态治水理水智慧 41
2.2.1 北京紫禁城都城规划 41
2.2.2 都江堰 42
2.2.3 福寿沟 43
2.2.4 坎儿井 44
2.2.5 陂塘 45
2.2.6 塘浦圩田 46
2.2.7 垛田 48
2.2.8 农业生态基塘 48
2.2.9 哈尼梯田 49
复习思考题 50
推荐阅读书目 50

第3章 现代雨洪管理

3.1 雨洪管理概述 51
3.1.1 雨洪管理的时代背景 51
3.1.2 生态雨洪管理的产生 53
3.1.3 风景园林与雨洪管理的耦合 54
3.2 国内外现代雨洪管理理论体系 56
3.2.1 欧美地区国外现代雨洪管理 56
3.2.2 亚太地区国外现代雨洪管理 62
3.2.3 中国海绵城市现代雨洪管理 64
3.3 雨洪管理技术措施与途径 66

3.3.1 源头调控技术 66
3.3.2 过程传输技术 70
3.3.3 终端调控技术 73
3.3.4 海绵设施比较 79
复习思考题 79
推荐阅读书目 79

第4章 雨水景观设计原理与方法

4.1 雨水景观设计要素 81
4.1.1 场地竖向设计 81
4.1.2 雨水设施设计 81
4.1.3 植物景观设计 81
4.1.4 建筑小品设计 81
4.2 雨水景观设计核心内容 82
4.2.1 海绵雨水系统的体系构建 82
4.2.2 基于雨水景观的源头设计 83
4.2.3 基于雨水景观的过程设计 83
4.2.4 基于雨水景观的终端设计 84
4.3 雨水景观设计目标与指标 85
4.3.1 雨水景观设计目标 85
4.3.2 雨水景观设计指标 86
4.3.3 约束性和鼓励性指标 88
4.4 雨水景观设计原则 89
4.4.1 因地制宜原则 89
4.4.2 灰绿结合原则 89
4.4.3 蓝绿交融原则 90
4.4.4 竖向控制原则 90
4.4.5 生态景观原则 91
4.5 雨水景观设计技术途径 91
4.5.1 渗 91
4.5.2 滞 91
4.5.3 蓄 91
4.5.4 净 91
4.5.5 用 92
4.5.6 排 92
4.6 雨水景观设计流程 92
4.6.1 场地水文调研与分析阶段 92
4.6.2 问题研判与目标确定阶段 93
4.6.3 策略提出与方案设计阶段 93
4.6.4 局部与节点详细设计阶段 95

4.7 雨水景观设计模拟分析方法与技术 98
4.7.1 城市雨洪水文模型方法 98
4.7.2 水文生态过程分析方法 105
4.8 不同类型绿地雨水景观设计要点 111
4.8.1 公园绿地雨水景观设计要点 112
4.8.2 建筑与广场雨水景观设计要点 ...113
4.8.3 道路绿地雨水景观设计要点 114
4.8.4 居住区绿地雨水景观设计要点 ...115
4.8.5 滨河绿地雨水景观设计要点 116
复习思考题 116
推荐阅读书目 116

第5章 雨水景观案例

5.1 城市与区域尺度案例 118
5.1.1 美国洛杉矶主干河流雨水系统绿色通道 118
5.1.2 丹麦哥本哈根暴雨方案：蓝绿规划设计的战略性干预过程 119
5.2 公共空间雨水景观案例 120
5.2.1 美国波特兰唐纳德溪水花园 120
5.2.2 荷兰鹿特丹雨水广场 121
5.3 城市公园雨水景观案例 122
5.3.1 中国哈尔滨群力雨洪公园 122
5.3.2 新加坡碧山宏茂桥公园加冷河生态改造 123
5.4 居住空间雨水景观案例分析 124
5.4.1 德国汉诺威康斯博格生态社区 ...124
5.4.2 中国长沙中航山水间公园 125
5.5 校园绿地雨水案例分析 126
5.5.1 美国宾夕法尼亚大学休梅克绿地 126
5.5.2 中国清华大学胜因院 127
5.6 其他雨水景观案例分析 129
5.6.1 中国东莞万科建研中心 129
5.6.2 中国秦皇岛海滨生态恢复项目 ...129
复习思考题 132
推荐阅读书目 132

参考文献 133

附录：相关法律法规、标准、规范等 ... 137

第1章

雨水景观基础知识

1.1 水景观概述

人类早期文化的产生和分布在很大程度上依托于河流和水域，水作为自然环境的重要组成部分，从古至今一直影响着人类的活动。人类对水的态度从崇敬逐步走向友好，同时伴随着思想的变迁、艺术的发展和技术的进步，围绕水的美感产生了思考，随之产生了水景。

1.1.1 水景观的相关概念

（1）水景观

水景观即为水上景致，指借助江河湖海或人工水体构成的景观，也有狭义的水景专指人造喷泉。随着时代的进步，构成城市水景观的基本元素不变，但不同的研究角度，使得水景构成元素可分为不同类型。当前，城市水景观研究内容在不断拓展，突破传统理念的园林水景范围，城市水景观体系要从区域范围来整合城市水系，不仅涵盖城市河流、湖泊、湿地，而且包含与水系相关的生态要素、景观要素、交通要素、文化要素等。

（2）理水

理水，特指中国传统园林的水景观处理，也指各类园林中水景观营建。园林景观理水，借《园冶》之言词，是指在充分了解水资源的自身特性及其所具有的景观特征和造景功能的基础上，结合风景园林学、生态学、建筑学、城乡规划学、地理学、工程学、水利学等多门学科，以规划设计方法为工具，对水域空间景观建设和水资源景观的创意设计进行研究。以水资源为构景主体，寻求水与人居空间、自然生态、人文环境、场地文化等的相互联系、相互作用的最佳融合方式，让水资源景观和水域空间景观中蕴含的美学价值、生态价值、文化价值、经济价值、空间价值等能得以充分发挥，从而提供亲近自然的水生活、维持永续的水环境、延续深远的水文化、蓬勃发展的水经济，使人与水、城与水共同协调发展，在营造出优美宜人、可持续发展生存空间的同时，维持水的循环、展示水的艺术、传播水的文化、创造水的价值。

1.1.2 水景观的产生与发展

1.1.2.1 中国水景观发展历程

纵观中国园林中水景的发展历程，包含殷周秦汉时期、魏晋时期、隋唐时期、宋元时期、明清时期和近现代 6 个阶段。

中国园林的雏形可以追溯到周文王时期建造的灵囿，而中国古典园林中应用最早的水池，分别是囿中的灵沼和灵池。最初囿中水景主要是为了迎合农业以及渔业的需要而开发的。随着园林营建的出现，《诗经·大雅·灵台》中有"王在灵沼，于牣鱼跃"，此时帝王已经开始享受水和游鱼带来的精神愉悦了。春秋战国时期，人们为了满足水上交通和观赏的需要，开始在园囿内开挖池渠，因此园林中开始盛行"高台榭，美宫室"。而到了秦汉时期，随着国力的强盛，宫苑的规模更加浩大，并且在人工水池中引入自然的江河之水，并且修建岛屿，开始模仿大自然中山水格局，为了使水景更加丰富，水池中不仅种植了荷花、菱角等水生植物，而且出现了喷泉形式的水景。

到了魏晋南北朝时期，此时的文人雅士厌倦世俗，寄情于山水田园之中。因此，在这个时期开始流行"以玄对山水，从自然山水之中悟道"的风气，并且设法在自己的住宅里营造一种山林流水的景象，园林的规模变小。在水景的营造方面，注重对自然水景的再现，手法也开始从单纯的写实转向写实与写意相结合，相对于之前的"秦汉模式"，此时更多是从大自然景观中获得灵感，使景观富于变化。还种植多种水生植物，并且摹写自然之象，在岸边堆砌驳石，水草沉浮于绿水，湖水清澈甘甜，岸边植物争奇斗艳，仿佛一幅与自然融为一体的画面。

隋唐时期，园林的发展空前兴盛。水景的应用也较之前有了质的飞跃，虽然在水景的处理手法上模仿秦汉模式，但是由于受到诗人和画家的影响，水景的表达开始融入了中国传统园林中诗情画意的意境。而皇家园林和私家园林二者分别在气势恢宏和小巧精致两方面发挥所长。把人工与自然水景相结合，山水交融、动静结合，使园林水景更加生动而富于变化。代表作品有皇家园林中负有盛名的大明宫和华清宫，私家园林中王维的辋川别业。

宋元时期经济的发展使得园林的发展达到了登峰造极的程度，园林理水技术也得到了空前的进步，这一时期的园林对大自然中山水景观的模仿已经达到了出神入化的地步，所追求的是一种"写意的园林"。在园林水景营造中，模仿大自然中的河、湖、池等水体，并将其融入到园林景观的建设当中。除了自然的水体，形式各样的喷泉也运用到园林当中，人工动态水景快速发展。

明清时期的园林水景处于我国古典园林成熟期的第二阶段，是对宋元园林兴盛期的延续和延伸，并有所发展。此时，水景在江南园林中随处可见，在某些经济发达地区，水景出现了市井化

的趋势。由于江南园林面积狭小，理水手法自然不如皇家园林丰富，但理水艺术手法和意境处理细腻雅致。北方的宫廷能臣们对园林也产生了前所未有的狂热，他们总结了历代园林理水的方法，同时吸收了该时期江南园林的精华，融汇西方园林对水景的营造方法，建造出了至今仍令人们赞叹的圆明园、颐和园等气势恢宏、规模宏大的皇家园林水景。

随着我国经济、文化、科技的不断发展，对现代水景提出了更多的要求，也进一步促进了我国现代水景的发展，使得其形式与内容变得丰富多彩。由于全球不断加剧的生态问题，设计师们面临着生态效应改善的难题，在设计中如何保护和利用自然原有的水体，如何保持水景的景观效果以及维持水的循环利用，这就要求我们将新兴的科技应用到现代水景中，活用水景设计手法，丰富水景的形式。

1.1.2.2 西方水景观发展历程

古希腊时期建筑的主要形式是规则封闭的中庭式，庭院中种满了果树和菜圃，主要供生活所需。而庭院的边缘会精心设计成各式各样的花园，以供人们观赏娱乐。此时庭院里的水景主要是人工开凿的喷泉，一种形式的水在庭院四周流淌形成规则的水体景观，主要是为了造景；另一种形式的水流出宫殿外，主要为了生产和生活用，这种最原始的庭院水景是用来支持生产和供给饮用水，所以称为实用园。但随着希波战争的胜利，希腊经济飞速发展，园林水景也得到迅速发展，由实用化转向装饰化发展，多使用紫花地丁、蔷薇、百合等观赏植物和大理石来装饰喷泉。

古罗马时期，罗马帝国大量接触并吸收希腊文化，因此园林大有希腊化倾向。此时廊柱式庭院风格奢华，具有台地式园林特征，在庭院、敞厅中或是室内都有所用水，水成为造园重要元素，包括喷泉、水池、养鱼池等。希腊的水景大多是规则式水池和喷泉，水的利用十分巧妙，如在列柱中庭里设置鱼池和喷泉，在天井中设游泳池。

由于中世纪时期充满宗教色彩，没有发展较

大规模的园林建造，花园也仅仅出现在教堂、修道院和城堡中。但水在阿拉伯文化中有冥想之源的象征，所以普遍应用在庭院中，以"十"字形水渠的形式出现。"十"字架的四边则代表天堂中可以洗涤人类有罪灵魂的水、乳、酒、蜜四条天河。而园林喷泉在该时期得到了很大的发展，其种类繁多、形状各异，此时的喷泉被当作一种装饰物，成为庭院的重要组成要素。

文艺复兴时期，意大利不断涌现出较大规模的园林庄园，其园林理水技术也有了长足的发展，气势恢宏的中心喷泉和成排的壁泉呈现盛行之风。勒·诺特在吸收了意大利文艺复兴时期园林诸多特点的基础上，创造出了一种新的造园风格。其中，水景一般具有贯穿中轴的作用，其形式包括：水池、水渠、喷泉和阶段式跌水。纵横轴通常被中轴式的水渠贯穿，还搭配有多种多样的喷泉，气势恢宏，这种大气又规整的水景成为法国园林的代表性景观。

英国园林受各方面的影响，如绘画、文化、中国园林等，逐渐形成了自己的风格——自然式风景园。这种自然式的风景园如同一幅优美的风景油画，由自然曲线的湖泊、人工湖、平缓的草地、写实的植物组成，远方再以起伏的山峦和森林作为背景。中间点缀小桥、亭子和雕塑等小品，创造了自然和谐的景观效果。

西方现代景观探索始于欧洲新艺术运动和工艺美术运用。这一时期的水景通常以几何形状、曲线或直线与曲线相结合的形式出现。水景同样作为功能空间中的一种组成元素，用不同的形式加以表达。

随着近代城市化进程的加速，生态意识与可持续发展意识逐步提高，人们意识到符合自然生态规律以及接近于自然植物群落的园林水景的重要性，于是具有生态性、多样性、观赏性的园林水景设计成为西方现代景观的主流。

1.1.3　水景观的功能作用

水景作为人类对于水的艺术性改造，使水具有一定美学价值和实用价值。人类对于水景的喜爱，体现在生理、心理等各个层面。水体能够让人心神安定，产生宁静、自然的感觉，同时，与水相伴而生的各种植物、动物，又增添了水边游憩的乐趣。现代景观离不开自然或者人工的水体，水体的合理运用能够产生更加丰富的景观感受。以下是水景在人类生活当中的几个主要作用：

（1）调节气候，改善环境

水体能够调节区域内部的空气湿度，起到一定范围内的降温作用，可以减少尘埃，同时提高负氧离子含量，提高空气质量（图1-1）。水体可以改善园林内部的小气候条件，而且也有改善周围自然生态与环境卫生条件的作用。

（2）水量调节，排洪蓄水

园林中的水体在暴雨来临、山洪暴发时，可以及时排除和蓄积洪水，有计划地收集场地外雨水，防止洪水泛滥成灾；到了缺水的季节再将所蓄之水分配使用。水景边缘的植被能够减缓水的流速，减轻水对地面的冲刷，从而调节地表径流和削弱洪峰。

图1-1　调节环境小气候

（3）构成景观，丰富活动

城市水系是难得的自然风景资源，也是城市生态环境的要素之一，是景观设计当中重要的元素之一。在中国的传统园林理水中，素有"有山皆是园，无水不成景"之说，因此水被称为"园之灵魂"，且中国古人创造了独到的理水手法，对世界上许多国家的园林艺术产生了重要影响。

园林水景，从布局的角度可分为集中式和分散式两种形式。静而集中的水面能使人感到开朗宁静，一般多应用在中小型庭院和公共开敞空间。水池本身的形状，除个别皇家苑囿中的园中园采用方方正正的平面外，大多数为不规则形。分散式水景与集中式水景不同，其特点是用化整为零的方法，把水面分割成互相连通的若干块，游客常因溯源而产生隐约迷离和不可穷尽的幻觉。分散用水还可以随水面的变化而形成若干大大小小的中心（图1-2）。

水景观从形态上看有静有动。静水宁静安谧，能形象地倒映出周围环境的景色，给人以轻松、温和的享受。动水活泼灵动，或缓流，或奔腾，或坠落，或喷涌，波光晶莹，剔透清亮，令人感受欢快、兴奋、激动的氛围（图1-3）。

以下是水在造景中的基本作用：

（1）基底作用

大面积的水域视野开阔、坦荡，有衬托岸畔和水中景物的基底作用。当水面不大但在整个空

不规则式集中水景（苏州拙政园）　　　　分散水景（南京瞻园）

图1-2　园林水景的不同布局形式

平静的水景（北京圆明园）　　　　富有动感的水景（丽江玉龙雪山）

图1-3　水景观的不同情态

间中仍具有面的感觉时，水面仍可作为岸畔或水中景物的基底，产生倒影，扩大和丰富景观空间（图1-4）。

（2）系带作用

水面具有将不同的、散落的景观空间及园林景点连接起来并产生整体感的作用，具有线型系带作用与面型系带作用之分（图1-5）。前者水面多呈带状线型，景点多依水而建，形成一种"项链式"的效果。而后者中，零散的景点均以水面为各自的构图要素，水面起到直接或间接的统一作用。除此之外，在某些景观设计中并没有大的水面，只是在不同的空间中重复"水"这一主题，如用流水、落水、静水等不同形式的水以加强各空间之间的联系。水还具有将不同平面形状和大小的水面统一在一个整体之中的能力。无论是动态的水还是静态的水，当其经过不同形状、不同大小、位置错落的"容器"，由于它们都含有水这一共同因素，便产生了整体的统一感。

（3）焦点作用

喷涌的喷泉、跌落的瀑布等动态的水，其形态和声响能引起人们的注意，吸引人们的视线（图1-6）。在设计中除了要处理好它们与环境的尺度和比例关系外，还应考虑它们所处的位置。通常将水景安排在向心空间的焦点、轴线的交点、空间的醒目处或视线容易集中的地方，使其突出并成为焦点，如喷泉、瀑布、水帘、水墙、壁泉等。此外，由于运动着的水，无论是流动、跌落还是撞击，都会发出不同的声音效果，为景色增添一种生生不息的律动和天真活跃的生命力，因此，水景观的设计也包含水声的利用。

水景观的营造应该大力保护天然水体，在保护的前提下加以开发和利用，杭州的西湖、南京的玄武湖等水体在美化城市面貌方面起到了不可磨灭的作用（图1-7）。园林景观的水体除景观作用之外，还能够为游客创造戏水的活动场所，现代景观当中的喷泉、瀑布、水幕墙都具有游乐性。

（4）发展经济，提高效益

受环境、社会、经济等多种因素影响，水景的设计要实现效益的最大化，需要考虑综合发挥

图1-4　水体在造景中的基底作用（无锡寄畅园）

图1-5　水体在造景中的系带作用

图1-6　喷泉形成视觉焦点

生态效益、社会效益和经济效益，因此利用景观水体在不影响景观的前提下，进行一定的水产养殖，是提升水景效益的方式之一。同时，农业用水及其设施所涵养的空间环境通常具有生产、生态、生活三大功能，还对地下水的补给、环境净

图1-7　南京玄武湖城市天际线

化等起到良性作用，人们日常生活的用水有时也仰仗于它。

1.1.4　水景观的基本设计要素

1.1.4.1　水的尺度和比例

景观设计中，把握水的尺度需要仔细推敲所采用的水景设计形式、表现主题、周边环境，并采用合适的分区手法创造大小尺度各异的水面空间（图1-8）。小尺度的水面较亲切怡人，适宜安静、不大的空间，如庭园、花园、城市小型公共空间；尺度较大的水面浩瀚缥缈，适宜大面积自然风景、城市公园和大型城市空间或广场。无论是大尺度的水面，还是小尺度的水面，关键在于掌

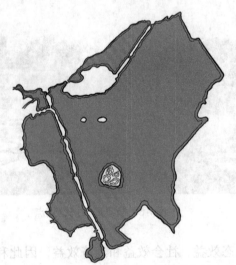

利用堤岛分区（杭州西湖）

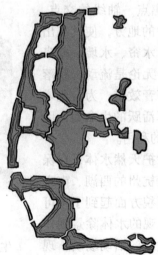

利用岛桥分区（苏州拙政园）

利用凹处分区（北京北海）

图1-8　湖池水面的分区

［依周维权《中国古典园林史》（第三版）改绘］

握空间中水与环境的比例关系。水面直径小、水边景物高，则在水域内视线的仰角比较大，水景空间的闭合性也比较强。在闭合空间中，水面的面积看起来一般都比实际面积要小。如果水面直径或宽度不变，而水边景物降低，水区视线的仰角变小，空间闭合度减小、开敞性增加，则同样面积的水面看起来就会比实际面积要大一些。因此，从视觉角度讲，水面的大小是相对的，同样大小的水面在不同的环境中产生的效果可能完全不同。

苏州的怡园和艺圃两处古典宅第园林中的水面大小相差无几，但艺圃的水面更让人觉得开阔和通透。若与网师园的水面相比，怡园的水面虽然面积要大出约 1/3，但是大不见其广，长不见其深，而网师园的水面反而显得空旷幽深（图 1-9）。

1.1.4.2　水的平面限定和视线

用水面限定空间、划分空间有一种自然形成的感觉，使得人们的行为和视线不知不觉地在一种较亲切的气氛中得到了控制，由于水面只是平面上的限定，故能保证视觉上的连续性和通透性，利用水面获得良好的观景条件（图 1-10）。另外，也常利用水面的行为限制和视觉渗透来控制视距，获得相对完善的构图；或利用水面产生的强迫视距达到突出或渲染景物的艺术效果，如苏州的环秀山庄，过曲桥后登栈道，上假山，左侧依山，右侧傍水。由于水面限定了视距，使本来并不高的假山增添了几分峻峭之感，江南私家宅第园林经常利用强迫视距达到小中见大的效果（图 1-11）。水面控制视距、分隔空间还应考虑岸畔或水中景物的倒影，这样一方面可以扩大和丰富空间，另一方面可以使景物的构图更完美，如从拙政园倒影楼看到的完美倒影，倒影如画、景色绝佳（图 1-12）。

利用水面创造倒影时，水面的大小应由景物的高度、宽度、希望得到的倒影长度以及视点的位置和高度等决定。倒影的长度或倒影的

怡园水面

艺圃水面

网师园水面

图1-9　相近大小水面视觉效果对比

大小应从景物、倒影和水面几方面加以综合考虑，视点的位置或视距的大小应满足较佳的视角（图 1-13）。

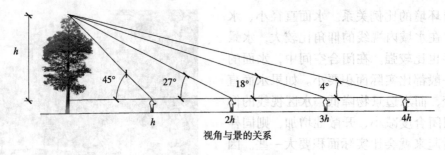

视角与景的关系

水面限定空间但视觉上渗透　　　　　　　控制视距，获得较佳的视角

图1-10　利用水面获得良好的观景条件

（依诺曼·K.布思《风景园林设计要素》改绘）

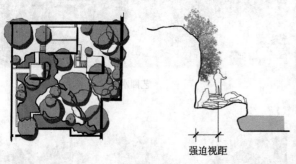

强迫视距

图1-11　利用水面产生强迫视距作用

［依周维权《中国古典园林史》（第三版）改绘］

图1-12　拙政园利用水面倒影增加水面层次

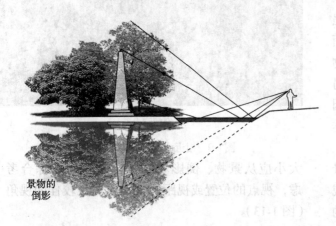

景物的
倒影

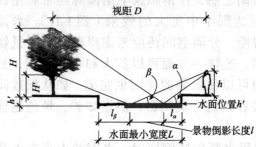

图1-13　视距与倒影的计算关系

具体计算公式如下：

$$l = (h+h')(\cot\beta - \cot\alpha) \qquad (1\text{-}1)$$

$$l_\alpha = h'\cot\alpha \qquad (1\text{-}2)$$

$$l_\beta = h'\cot\beta \qquad (1\text{-}3)$$

$$L = l + l_\alpha + l_\beta = h(\cot\beta - \cot\alpha) + 2h'\cot\beta \qquad (1\text{-}4)$$

$$\alpha = \text{arctg}[(H+h+2h')/D] \qquad (1\text{-}5)$$

$$\beta = \text{arctg}[(H'+h+2h')/D] \qquad (1\text{-}6)$$

式中 l 为景物（树冠部分）倒影长度（m）；L 为水面最小宽度（m）；α，β 为水面反射角（°）；H 为树木高度（m）；H' 为树冠起点高度（m）。

1.2 水文化概述

一方面，水是一种自然资源，其自身并不能形成文化。但是，水除了为人类提供生命必需的生态系统服务与生存生活空间外，还与人类的思想、心理有着千丝万缕的关联，水一旦与人发生了联系，人对水有了认识和思考，有了治水、用水、管水的创造，"水"就逐渐成为一种文化。所以说，水文化的实质是透过人与水的关系反映人与人关系的文化，因而水不仅具有自然属性，而且独具社会属性。像威尼斯、温哥华、旧金山、悉尼以及中国的上海、无锡、苏州、杭州、青岛等城市，都可以说是水域孕育了城市和城市文化。围绕自然河流产生的部落文化、部落文明是当今社会文化的起源。

另一方面，现代城市水危机在气候变化、城市化发展等因素的影响下，影响全球社会经济的发展，威胁人类的生存和发展。任何文化形态的显现都是对现实需求的积极回应，现代城市语义下的水文化体现着社会对可持续生态发展的极度渴望的强大内在逻辑。

1.2.1 中国水文化简史

1.2.1.1 历史上的人造水景和人造岛屿

在世界园林艺术宝库中，中国园林经历了几千年造园艺术的发展历史过程，其主要形式是以山水风景为骨架的山水园。在造园学的历史上，西周时期周文王修建的灵沼是中国人工修建水景园并养鱼享乐的首例。到了先秦时期，以筑高台为主，重在祭天、观象、高瞻，为取土才挖池沼。

魏晋南北朝时期是山水园奠基时期，出现了以再现自然山水为主题的自然山水园，筑山理水的技艺达到一定水准，已有用石堆叠为山的做法，山石一般选用稀有的石材。水体的形象多样化，理水和园林小品的雕刻物（石雕、木雕、金属铸造等）相结合，再运用机枢创造各种特殊的水景。这一时期奠定了中国山水园历史发展进程中艺术风格的基础。

隋唐宋时期，中国园林进入全面发展时期，也出现了后世"景园"的始例——西苑，其是继秦汉象征式的海上神山发展到模拟自然山水，这是受了自然山水园的影响而转变到以山水为骨干的一种新的园林形式的开端，其造园手法具有独创性，是我国宫苑演变为山水宫苑的一个转折点。

明清时期以山水为骨架的园林艺术获得更为完美的成就，皇家造园重在挖池与就近堆山，而江南私家园林以水为重要的造园要素，园中往往以水池为中心，在其周围布置假山，栽植花木，配置建筑。清乾隆年间编纂而成的《古今图书集成》考工典（第124卷，池沼部）曾记载汉代至明清这两千年中全国各地的池沼，纵览之下，古人挖池的目的不外以下几个方面：

①建造各种豪华舟舫，水上游宴取乐。

②挖池习练水师。如南京玄武湖和昆明滇池等为训练水师之处。

③挖池建岛以求仙丹。

④以水景寄托精神。

⑤纪念已故的名人雅士。如王羲之洗笔处"浣笔池"。

⑥古今同好的水景布置。如莲花池、观鱼池（图1-14）、白鹤池、金鱼池。

⑦城池一体，台沼相接。如古城墙外的护城河（图1-15）。

图1-14 观鱼池

图1-15 紫禁城护城河
（摄影：康红梅）

1.2.1.2 历史名人的山水观

历代诸子百家、文人墨客在观水之后的感思，赋予了水更深的文化内容，从而积累形成了中国独特的水文化历史。孔子归纳出的"智者乐水、仁者乐山"；荀子将水喻人，认为水"似德、似义、似道、似勇、似法、似正、似察、似善化、似志"；董仲舒将人的品德喻为水，提出水"似力者、似持平者、似察者、似知者、似知命者、似善化者、似勇者、似武者、似有德者"。这些品格正迎合了文人雅士追求雅量高致的心理特征。

中国古代诗歌崇尚自然美，多用景抒情，其中描述诗人对水的咏叹、赞美、歌颂之情的名篇佳句数不胜数。杜甫的"高通荆门路，阔会沧海潮"描写了辽阔无垠的水景；孟浩然"坐观垂钓者，徒有羡鱼情"描写了水景周围的情境；"清池涵月，洗出千家烟雨"是赞美园林一平如镜的静

水。此外还有流传已久的"曲水流觞"的故事，如今虽已无人聚饮溪边，但寻思古人的幽情还是很有趣味的。

中国山水园的创造往往追求在充分利用自然条件的基础上表现自然之美。这是中国传统造园建设的指导思想，是中国造园艺术的风格。园林中的景物大多是自然形象的艺术再现，一山一水、一花一草、一泉一石，其布置都不能违背自然规律，要有自然之理，成自然之趣。计成主张"虽由人作，宛自天开"是"有若自然"的继续和发展。

1.2.2 外国水文化简史

1.2.2.1 古代的规则式水池

古埃及气候干旱，人们为了便于使用与贮存水而出现直线的水渠和长方形的水池。埃及人很早就发明了"槔"（shaduf，又名汲水杠杆），从长方形水池中汲水灌溉植物，形成方池、直渠、直路交织成方格网式的花园、菜圃，它们可能是规整式园林的雏形。后来，方形水池随着伊斯兰建筑的通式而出现在方形或长方形的内院（patio）之中。"通式"即一个封闭式的庭院，围着一圈拱廊或柱廊，院落中央有一个水池。

到了公元前1417—前1379年，阿门霍托普三世国王为了取悦王后，曾在她的家乡阿赫米姆城附近挖了一个人工湖，比我国周文王的"灵沼"早几百年，可以说是有记载的世界最早人工水景。

在两河流域的冲积平原上，曾经建造出不少的美丽花园。由于这里经常遭受洪水的冲击，从而激发了人们拦洪蓄水、建造水库、变害为利的创造力。如今挖掘出的当年弯形水库的遗迹，证明人工水库在三千年前就已经存在。

文艺复兴时期的意大利由于气候闷热和地理条件的特点，台地园的设计十分重视水的运用，水在意大利造景中是极重要的题材，水既可以增进气候舒适度又可使园景生动。意大利庄园理水形式多种多样，各种理水技巧达到了高度的成就，十分注意水的明暗与光影，水的形色、声乐相互

渗透、互为因借，交织成一幅美丽的水景图，这种以水为主题的景色成为意大利庄园的一大特色。

1.2.2.2 近代西方园林的自然化变革

18 世纪欧洲文学艺术兴起浪漫主义，英国开始欣赏自然之美，在英国开阔的牧场上可以见到草地、点缀着鲜花的树丛和曲折的溪流，无限风光在于自然风景。这种新的变革对西方的规则式造园风格产生较大的震撼。而东方园林很少受到西方园林的冲击，始终在模仿并超越自然的情趣中，结合诗与画的意境，发展着人工的自然山水。西方园林家对东方水景的赞赏也由来已久，并从中获得诸多创作乐趣和灵感。

1.2.3 中西方水文化比较

因水流动力学机制上的差异，中华文明和西方文明的文明基因不同，被广泛认为分属于大河文明和海洋文明，以致两种文明均精彩缤纷并各有异同。河流的动力主要来自地球引力，由重力和水流落差决定；海洋的动力主要源自太阳、月球的引力，地壳变化，地球自转等因素。这些特点决定了河流动能比较弱，约束力比较强，相对更加稳定；而海洋的能量大，边界模糊。两大差异对中西方文明的政体思想、思维方式、文化艺术均产生了重要影响。在大禹治水、诺亚方舟等东西方传统神话故事里也能够看出中西方水文化的异同，西方在哲学上表现为充满躁动和遐想，在文学上歌颂骑士精神，在艺术上张扬运动精神和阳刚之美，而思维上则为片面地掘进；而在中国传说中大禹体现了东方思维的稳健和娴静，合二为一，异中求同。

在建筑方面，西方受海洋文化的影响，呈开放的单体式空间格局，风格多样，变化频繁。同时，在城市规划中，不设置一定的城市轴线，道路呈现辐射状，布局自由，市中心有高耸的建筑，尺度雄伟，体量宏大，对外呈现较强的张感，与自然对峙。与此不同，中国受河流文化的影响延伸出围墙文化，呈现封闭、内敛、深藏不露的风格。中国建筑以建筑的屋脊、屋角及屋面所形成的曲线，与山峦的起伏、树木的姿态等自然轮廓的启承转折相暗合，与自然环境浑然一体，表现出对大地的依附。同时，出于对大地的认同、对自然的崇敬，建筑大多是群体出现，不同于追求建筑的高度和单体性，更多的是追求群体的和谐美感和天人合一的自然观。

在水工程方面，西方呈现出与天对峙的关系，强调以人为主体，具有明显的扩张意识，弘扬人的伟大和崇高，注重自然科学的研究和技术的改进。例如，堤岸工程的荷兰海堤，这种围海造田的创新，充满理智和幻想，对西方产生了深远的影响；法国米迪运河，这条运河沟通了大西洋和地中海，是科技的杰作，其和谐美体现在个体的完整；奥地利新锡德尔湖，它是多种文化的汇集地，形成了丰富的景观，是人类行为和自然环境相互作用，逐步演变发展的结果，乡村建筑、宫殿、教堂为这一地区增添了浓厚的文化特色；法国的加尔水道，横亘加德河之上，长约 50km，这座桥的水利工程师和罗马建筑师创造了技术上同时也是艺术上的杰作。东方水工程强调因地制宜，顺天而为，追求多方融汇贯通。例如，中国都江堰，全世界年代最久远、唯一留存、以无坝引水为特征的宏大水利工程，其崇尚自然，布局象天法地，追求天意和理气，使水工程和城市空间排列组合达到尽善尽美，不仅考虑了内外江和上下游人类需求的平衡，也考虑了整个成都灌区人类与自然需求的平衡，它的兼利天下、四六分水原则，为都江堰灌区人居环境的可持续发展提供了社会基础，体现了人与人之间以及人与自然之间的平衡关系；京杭大运河，其独特的工程设施、城镇网络、河政管理机制、社会结构与产业结构、商业发展等方面的特点与运河区域人们的心理意识、宗教信仰、生活习俗等方面的趋同，是中国运河区域文化的基本表现形态，开放性与凝聚性的统一，流动性与稳定性的统一，多样性与一体性的统一，是中国运河文化的突出特点；杭州西湖，它不仅是一个自然湖，更是一个人文湖，它的自然美折射出中国传统哲学、美学、人文、建筑等诸多文化内涵，而它的人文美则渗透了许多自然的、物候的意象，是人与自然长期良性互动的产物，其本质上是一个不断演进、生命力始终旺盛的文化自然形态；丽江供水系统，它把经济和战略重地与崎岖的地势巧妙地融合，真实、完美地保存和再现了古朴的风貌，古城的建筑历经朝代的洗礼，饱经沧桑，融汇了各民族的文化特色而声名远扬，这一古老的供水系统，纵横交错，精巧独特，至今仍在有效地发挥着作用。

1.3 水与城市概述

1.3.1 人与自然和谐的城市理水观

（1）水城共生

水的脉络和城市的空间肌理和谐相融，是城市建设的重要内容。城市水系景观空间作为构建城市景观风貌特色的重要组成部分，它是城市历史与文化的积淀，也是体现城市地域特色和风土人情的区域，促进水系与城市发展的良性互动，引导着城市战略规划的确立、实现与完善。"水城共生"的理念要求我们按照"资源、环境、生态、健康、安全"协调发展的理念，突出"保护水资源、改善水环境、促进水循环、建设水景观、弘扬水文化"等关键环节，确立以生态建设为主的水环境可持续发展道路，建立以水系为主体的城市生态安全体系，建设河川秀美、水绿相亲的生态文明社会。

（2）人水共生

城市水域往往是城市中最具有活力的开放性空间，滨水区的自然因素使人与环境达到和谐、平衡的发展，所以城市中具有开阔的水域环境的区域成为当地居民喜好的居住首选区域。城市水景观空间在滨水生态化、人文化、开放化的原则下呈现出多元化趋势，同时，公共开放的蓝色空间为市民提供交流的平台，满足聚会、集合、娱乐、游憩空间需求，成为城市开放空间极富特色的一部分。开放的多元化滨水空间，也为城市功能区间的转换提供了更开阔的平台，为城市经济与文化的发展奠定坚实基础，进一步提升城市区域活力与动力，主导和凝聚城市重心。

（3）水文化传承

当前，信息化以破竹之势席卷全球，城市已经开始跨入优质发展阶段。"特色"在变化中就愈发显得弥足珍贵，作为城市发展的重要指标参数，"特色"代表着对城市的保护和创新、代表着对城市优质自然资源的保护和历史文化资源的再开发。水系作为城市极重要的自然形态因子，城市文脉与水脉和谐相处对于营造特色化的城市景观意义重大。不同的城市水系因地理位置、文化底蕴、功能等影响因子，造成形态和面貌的差异性，因此，充分解读城市历史文化背景，分析城市山水布局形态，在进行城市水景观建设的同时，将水景观与城市文化有机融合，水功能与水景观联系耦合，使水景观成为城市自然景观与人文景观的重要构件。水系与城市发展的良性互动，不仅奠定城市山水格局特征，在促进城市水系个性化发展的同时，又可满足现代人要求城市水景观舒适性的需求。

1.3.2 水对城市规划的影响

水不仅有城市体系的功能成分，也是城市产生和变迁的自然动力，引导着城市空间演化和文化脉络发展，牵引着城市的生产、游憩、生态、景观、宗教等多功能发展。我国古代的城市理水思想和成果，反映在当今科学系统的规划学、水利学、环境学以及园林学等诸多领域。各地差异的水资源以及不同的水文化渊源，形成了不同的理水思路，造就了南北不同的城市格局和园林风貌。

1.3.2.1 水与城市选址

古代城市选址和布局，在很大程度上依托于河流水系的位置和形态，人类生存本能对水的需求、安全防御方面的水适应性的有关学说，都是水对城市规划布局的影响。

（1）生存需求

人类生存离不开水，从原始社会对水的饮用，到农业社会的灌溉、捕捞、水运，这些人类对水的本能性依赖，决定了人类从古代聚落到早期城市，几乎都是"择水而居、傍水筑城"。雨水的丰沛程

度也影响着城市的选址，干旱缺水地区的城市分布
近水源，以满足人类生产生活需求，如元大都由金
中都的城址迁徙到东北郊的高粱河水系旁。

（2）安全防御

中国古代先贤们早已意识到水在战略攻坚以
及抵御外敌方面的双重作用。老子《道德经》曰：
"天下莫柔弱于水，而攻坚强者莫之能胜。"《周
制》也有之曰："囿有林池，所以御灾也。"古城
常选择江河水系作为天然屏障，或人工修建"城
壕"，即环绕城址的护城河，以形成易守难攻之
势，抵御外来入侵。降水丰沛地区的城市选址，
除考虑用水需求，还要顾及洪涝灾害影响，因此
多选择地势较高、距水适宜的位置。

（3）风水堪舆

风水，又称"堪舆"，反映了人们的心理需求
和对环境感知的择优选择，对我国古代城市规划
布局影响深远。三面背山、一面临水，称为山水
之"穴"，被认为是藏风聚气的理想居所。

除此之外，城市水系在不同的历史时期有所
变迁，城市的起源和发展与水系的自然变迁密切
相关。以南京为例，南京城市东部有钟山，历史
上称"龙蟠"；西部有石头城，历史上称"虎踞"；
城市南部有秦淮河，称为"朱雀"；北部有湖泊称
"玄武"，再往北郊有长江。如此形成南京城市地
理格局是：三条山脉，北部沿江幕府山脉，中部
紫金山西延覆舟山脉，南部牛首山脉；两条河流，
南部秦淮河与北部金川河；三个湖泊，玄武湖、
莫愁湖和燕雀湖。历史上城市结构走向以及目前
遗留城墙主要顺应山脉和河流格局，古都城市景
观依托自然地理系统形成（图 1-16）。南京城河道
水系与古都城结构位置关系密切，城垣之外必有
城河，且与江、河、湖相连，市内水道纵横交错，
过去主要承担运输和城市排水防涝的功能。河道
水系有其重要的历史价值，也有城市景观作用。
古代河流是南京城市边界，也是规划城市道路系
统的依据，后来又是商贸、文化繁荣的重要枢纽。
现代的南京城市河流已经大大减少。大面积湖泊
如玄武湖、燕雀湖、莫愁湖等，经过历代的城市
发展填埋已退化为内陆湖。金川河依靠水闸与长

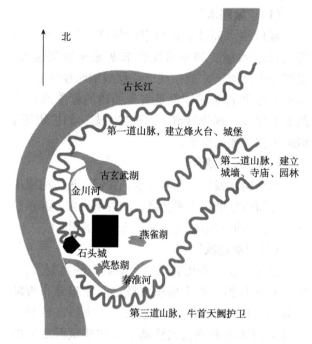

图1-16　南京山水与古城关系示意图

（依姚亦锋《南京历史地理与古都景观规划研究》改绘）

江相连，玄武湖与长江的联系更加弱小。

1.3.2.2　水系规划与城市空间格局

从水与城的关系来看，城市空间布局大致包
括四种形式（图 1-17）。

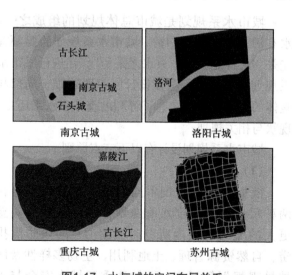

图1-17　水与城的空间布局关系

（依王建菊《我国山水城市的山—水—城关系研究》改绘）

(1)"城临水"

城市临水而建,即城市毗邻江、河、湖、海等大尺度水域。如原始社会末期的河姆渡遗址、夏都偃师商城、东周王城、春秋战国时期的临淄、南京古城和石头城,都是临水而建的聚落或城池的典型代表。现代城市中,城临大湖,如杭州等;城临大江,如南京等。

(2)"河穿城"

城市跨水发展,即河流水系穿城而过,河道成为引导城市发展的主要脉络。如古都洛阳,瀍水直穿城中,河道两岸逐渐成为都城最繁华的地段。

(3)"水抱城"

例如,浙江舟山就是"水抱城"的典型代表,城市被水环抱,在大面积水域空间零星分布着陆地岛屿,构成组团型城市空间,大小形态各异的水域空间成为联系公共活动中心和建筑群之间的纽带。重庆市市区正处在河流的汇合处,呈现水抱城的城水格局。

(4)"城含水"

城市水网交织,水系与街区交织,形成河道纵横、水网密布的城市空间。如苏州城,古城内水巷相通,形成了以河堰、护城河、城墙、水关、河道、池塘、阴沟等组成的防洪排涝系统。

1.3.2.3　城市水系规划设计原则

城市水系规划是城市总体规划的组成之一。水有源、流、派和归宿,城市水系规划的要领首先是"疏源之去由,察水之来历"。在进行城市水系规划和有水体的公园设计时都要着眼于局部与整体的关系;要收集、了解和勘查城市水系历史、现状与相关规划。

城市水系规划设计有以下三点原则:

(1)因地制宜

依据规划区范围不同,城市水系规划存在两种尺度。大尺度水系规划针对整个城市甚至更大的流域范围内所有河流湖泊,融入防洪排涝、自然资源管理、土地利用、生物多样性及区域景观规划等要素,更加注重区域水安全与水生态。

(2)目标导向

城市总体规划中水系规划常以协调水系与用地的关系为主要目标,而在水系专项规划中,问题多样化,应具有明确的目标导向。

(3)统筹兼顾

随着经济社会发展水平的提高,水系规划的内涵不断丰富,以防洪排涝为主的水系规划已经不能满足需要,充分挖掘城市水系特色、提升城市水文化品质、构建城市完整水循环系统成为城市水系规划的新内容。

1.3.2.4　城市水系规划设计要点

城市水系规划设计有以下几个要点:

(1)水系现状条件调查分析

水系现状条件是否调查清楚,直接决定了水系规划的合理性与可操作性。因此,现场踏勘、部门访谈以及资料收集十分重要,项目前期要通过不同途径了解水系现状,并绘制出准确的水系现状图,结合流域分析与水文计算,察源疏流,整理水系。对水源供应、防洪排涝、水质保障等水系统运行存在的问题进行分类,并剖析其内在动因。

(2)明确城市规划与水系规划的关系

城市水系规划要与相同范围、相同层面的城市规划充分协调,将城市规划当中的城市规模、用地性质、组团功能与定位等作为水系规划的重要前提,若与城市规划同步编制,还应及时将水系规划方案反馈到城市规划,使得城市规划的用地布局、市政工程规划更加科学合理。

(3)城市水系空间布局

城市水系空间布局是综合、全面的系统框架,而不是河流、湖泊等在空间上的简单组合。在防洪方面,水系空间布局为防洪调度中的雨洪滞蓄、行泄提供了空间支撑;在水生态方面,水系空间布局常与区域绿廊、生态板块相结合,是城市生态系统的重要组成部分;在水环境方面,城市污水处理厂、人造与自然湿地等用地规划也是水系空间格局的一部分,对于充分利用水体自净能力、改善水环境起着重要作用。因此,城市水系空间布局是水系规划的重要内容,需统筹考虑各方面要素。

（4）排洪防涝规划

城市水系是雨洪排泄的天然通道，是城市排水防涝系统的重要组成部分，防洪排涝也是水系规划的重要目标功能。水系规划应与城市排洪防涝综合规划保持一致，以城市排水、内涝防治标准为依据，明确城市雨水收纳水体，综合治理内河水系（河道清淤及拓宽、建设生态缓坡和雨洪蓄滞空间等）并指定水位调控方案，确保重现期内水系排水通畅，不造成对城市排水管网的顶托，同时具备一定的调蓄容量，减轻城市排水压力。

（5）城市水系重要问题解决方案

城市水系内涵丰富，涉及多个部门，水系规划应根据规划编制主体的建设与协调能力，针对突出问题展开深入研究，并提出切实可行的解决方案。如水资源匮乏的城市应从水循环和水质保障等角度开源节流，水网密布的平原城市应建立稳固的防洪排涝体系，山丘城市应与地质灾害并行规划，城市新区宜考虑生态景观要素前置并预留水系空间。

（6）城市水环境质量控制与保障

城市水系应基于水环境功能区划，提出明确的水质保护目标，遵循因地制宜的原则，减少污染物输入，促进水体自净，必要时进行水生态修复。

1.3.3　城市水系规划的具体内容

宏观城市水系统规划的主要任务是保护、开发和利用城市水系，调节和治理洪水与河道，保护与利用自然水资源，兴城市水利而防治城市水患，把城市水体组成可持续发展的水系统。

城市水系规划中规定了各段水体的水工控制数据，如最高水位、最低水位、常水位、水容量、桥涵过水量、流速及各种水工设施；同时也规定了各段水体的主要功能。这些数据进一步规定了园林进水、出水口的设施和水位的设计参数，确保园林水体完成城市水系规划所赋予的功能。

1.3.3.1　城市河湖的等级划分和要求

对风景园林中涉及的某一河湖设计与规划，首先应该了解其等级，并以此确定相应的水工设施的要求和等级标准。我国《内河通航标准》

（GB 50139—2014）将我国内河航道分为七个技术等级，不同等级的航道具有不同的净空尺度和要求。以南京为例，长江南京段为一级航道，而秦淮河航道规划等级2003年确定为五级，远期按四级航道标准预留。因此，临跨过河建筑物需服从内河航道等级规划的要求。

1.3.3.2　河湖在城市水系中的任务

河湖任务包括排洪、蓄水、航运、景观等。在完成既定任务的前提下，应保护自然水体的生态和景观，处理好相互的关系。对于得天独厚的城市天然河、湖、溪流，更要重视其城市生态环境和风景园林方面的作用，避免钢筋混凝土"硬化式"的排水沟槽，使固有的自然景观遭到建设性的破坏。在这种情况下，应会同城市规划、水工和园林等有关部门，从多专业综合的角度出发，让自然河流做功。例如，南京外秦淮河是综合治理的典型案例，在整治过程中寻求水系、绿化与城市空间环境耦合的具有凝聚力的景观结构，并整合相关的历史文化与社会经济资源，使之成为南京河西新城的重要骨架。

1.3.3.3　河湖水位高程控制要求

自由水体上表面的高程称为水位。一般包括最高水位、常水位和最低水位。近海受潮汐影响，水体水位变化更复杂。这些是园林水体驳岸位置、类型、岸顶高程和湖底高程的设定依据。

1.3.3.4　水工构筑物的位置、规格和要求

园林水景工程除了要满足这些水工要求以外，还要尽可能做到水工的园林化，使水工构筑物与园景相协调，解决水工与水景的矛盾。

1.3.3.5　水系规划常用数据

城市水系规划与园林水景相关的常用数据如下。

（1）水位

水体上表面的高程称为水位。将水位应的标尺设置在稳定的位置，水表在水位尺上的位置所示刻度的读数即水位。由于降水、潮汐、气温、

沉淀、冲刷等自然因素的变化和人们用水生产、生活活动的影响，水位便产生相变化。通过查阅了解水文记载和实地观测得到历史水位、现在水位的变化规律，从而为设计水位和控制水位提供依据。对于本无水面而需截天然溪流为湖池的地方，则需要了解天然溪流的流量和季节性流量变化，并计算湖体容量和拦水坝溢流量控制确定合宜的设计水位。

（2）流速

流速即水体流动的速度。按单位时间流动的距离来表示，单位为 m/s。流速过小的水体不利于水源净化；流速过大又不利于人在水中、水上的活动，同时也对岸边造成冲刷。流速用流速仪测定。临时草测可用浮标计时观察。从多部位观察取平均值。对一定深度水流的流速则必须用流速仪测定。

各浮标水面流速（m/s）＝浮标在起讫间运行的距离（m）/ 浮标在起讫间漂流历时（s）

平均流速（m/s）＝各浮标水面流速总和（m/s）/ 浮标总数

（3）流量

在一定水流断面间单位时间内流过的水量称流量，单位为 m³/s。

流量（m³/s）＝过水断面积（m²）× 流速（m/s）

在过水断面面积不等的情况下则须取有代表性的位置测取过水断面的位置。如水深和不同深度流速差异很大，也应取平均流速。

在拟测河段上选择比较顺直、稳定、不受回水影响的一段，断面选取方法如图1-18所示。在

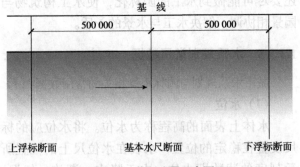

图1-18　草测流量示意图

河岸一测设基线，基线方向与断面方向垂直。二者交点钉木桩作为测量断面距离的标志点。断面的平面位置可用横悬测绳上刻度来控制，可扎各色布条于横悬测绳的相应刻度上。水深用测杆或带铅垂和浮标的钓鱼线测定。

1.4　雨水景观概述

1.4.1　传统雨洪管理模式的弊端

面对城市水文情况总体呈现汇流加速、洪峰值高、污染物负荷重等趋势的情况，传统城市建设模式在应对内涝洪灾和水安全问题的能力存在明显不足，不科学的工程性措施导致水系统功能整体退化，无法有效缓解和改善城市水生态问题，呈日趋恶化之态。这主要归咎于传统城市工程管道式灰色基础设施、防洪规划和排水工程规划的落后以及雨水资源合理利用意识的薄弱。

传统城市雨洪管理模式与体制体系，应对暴雨的指导思想均是传统的"快速排水，末端集中"的排洪泄洪理念，采取管网工程（灰色基础设施）"硬排水"模式，通过城市雨水管网系统将雨水收集、排放至受纳水体，较少考虑雨洪调蓄、水质保护、资源化利用等措施和技术。这种单纯依赖人工工程设施的雨洪管理理念和排水模式，缺少相应的自然生态雨洪调控设施，已不能满足现代城市功能的需要，使得由城市下垫面硬化带来的短时雨水管网排放压力剧增，加之管网规划设计的不合理、排水设施的不健全、雨污混流、建设标准较低以及维护管理等因素，往往造成暴雨径流短时高峰无法及时排放，加剧了城市暴雨内涝的发生频率。此外，大量未经处理的地表径流，尤其是初期降雨径流，通过不可渗透表面直接进入城市雨水管道，排入城市的河流与湖泊，尽管也设置有大型的储水设施，但真正的作用和效果都不明显，因而给受纳水体带来了极大的生态环境压力，造成城市地区水生态环境的进一步恶化，导致水资源短缺的局面。即使不断加粗地下雨水管道，但当遇到集中暴雨时，地表水与地下

水连通中断，依然无法避免出现因洪涝灾害、雨水径流污染、水资源匮乏等导致城市功能瘫痪的窘境。

自然水文循环有着自身的规律，在原生态的土地上，雨水会分成几个部分，有的顺着地表径流排入江河湖泊，有的直接通过下渗补给地下水，还有的随着蒸腾作用进入空气中变为水蒸气。传统的雨洪管理模式与体制导致了雨水下渗的大量减少，使得地下水资源没有得到补充，同时还引发江河的水量过剩，造成了大量雨水资源的浪费。从相关规划编制来看，我国城市普遍缺少雨洪控制利用相关专项规划，仅在排水规划、防洪规划、环境保护规划等中有所涉及；在进行城市排水规划时，也没有确立雨水是资源以及要先合理利用再排放的指导思想。由此可见，我国城市的雨水资源利用意识薄弱，对天然雨水资源的利用率较低，大量雨水资源被直接排走，白白浪费，与我国水资源紧缺形成突出的矛盾面。反思城市雨洪规划建设和管理模式，转变防洪减灾思路，与洪水为友，变废为宝，从过去单一控制转向综合管理洪水的生态型雨洪管理，刻不容缓。

1.4.2　绿地景观与生态雨洪管理

生态雨洪管理是站在城市整体发展的高度解决城市雨洪问题，处理城市发展与生态环境的平衡关系。城市绿地系统作为城市生态系统的一个组成部分，是城市建设用地的一种类型，其自身具有雨水渗透、滞留、蓄集和净化功能，与海绵城市的要求不谋而合，其作为城市集蓄水的主要场所，通过对绿地占有率的科学规划以及绿地结构的合理设计，形成城市的一种高效的绿地集雨景观格局，将全部或大部分降雨消解和利用，解决雨洪问题，并且产生良好的生态环境效益，对城市雨水径流管理具有极其重要的意义。

在城市绿地中控制利用雨洪资源的潜力是巨大的。绿地以植物、湿地、河流湖泊等自然要素为表面，是自然界中水的渗透、蒸腾、空间转移、净化等循环过程的载体。植被、土壤、水体、地形、绿地界面、绿地地下设施是构建半人工的水循环的载体和场所，与雨洪控制利用密切相关，这是结合绿地进行可持续雨洪控制利用的基本立足点。

生态雨洪管理强调城市绿地系统对雨水径流量、峰值流量与径流污染的控制能力，但并不意味着摒弃原有的雨水管渠系统。研究表明，城市绿地系统对雨水的处理能力低于海绵城市体系对城市绿地系统的预期。因此，城市绿地系统在生态雨洪管理中承担着重要角色，其作为低影响开发设施的主要载体，通过渗透利用和储存利用两种途径发挥着"慢排缓释"和"源头分散"的作用。

雨洪和绿地原本是两个相对独立的系统，两者因外力作用发生耦合，形成一个共同作用的体系。雨洪与绿地共同改善城市生态环境，两者联合起来使得城市生态资源得以有效的组织，产生1+1>2的生态效益。两个独立的系统通过在视觉上的感应、渗透、对比、咬合，使空间的使用者在两者形成的空间中流动，从而实现两种空间的耦合。

雨洪与绿地的耦合关系是以雨水为传递媒介，通过信息交流、物质运输与能量转换等过程得以实现，这种耦合的最终目标是将一定范围内的绿地联系形成一个功能完善的绿地生态网络，同时结合这些绿地当中的生态元素，在城市范围内形成生态综合体。形成有机网络的绿地是解决城市雨洪问题的途径之一，也是城市生态雨洪管理体系结构布局的骨架。不同类型、功能的城市绿地改善了城市生态，美化了环境，依据城市生态雨洪管理各项指标的分解，对各类型绿地的建设方向和建设强度都提出要求，进一步丰富城市生态雨洪管理基础设施体系。

1.4.3　雨水景观的概念提出

雨水作为自然界水循环系统的关键环节，对调节、补充地域水资源和改善城市生态环境具有极其重要的意义。雨水景观定义为一种具有生态雨洪管理功效的城市景观。在城市景观系统中，雨水景观是一种能经济有效地提升城市整体风貌、控制城市雨水径流量、涵养水源、减少污染的生态雨水景观设施，在城市水安全、水环境、水生态、水资源、水景观与水文化等诸多方面发挥着重要的综合生态系统服务功能与价值，是城市生态景观系统的重要组成部分。

面对传统雨水管理模式带来的诸多问题，在当今建设节约型社会的时代发展趋势的背景下，近年来，城市景观作为城市雨水的重要承载体而备受关注。许多景观设计师将雨水资源化利用与风景园林设计相结合，在满足城市防洪排涝、控制径流污染物等方面的需要外，还要提供优美的城市环境空间，提高城市的生态效益，促进水环境与水景观的共同持续发展。城市景观往往以多样化的形式存在，将现有城市景观元素与自然景观元素相结合，借鉴自然界雨水管理原理与过程，可形成一套高效的多功能雨水收集利用系统。通过景观元素蓄留、截污、减排、生态、利用，改变城市传统雨水治理中"以排为主"的局面，改善城市生态环境，创造丰富的城市景观，进而实现城市水生态系统的自然修复、功能恢复与循环流动（图1-19）。

城市雨水资源的开发利用，是缓解水资源紧缺的重要措施，是水资源开发的新途径之一，特别是对于缺水城市，可以在很大程度上缓解水资源紧缺形势。城市雨水在景观实践中的运用，需要通过对雨水的源头、输送和终端进行全过程景观化处理，才能较好实现对雨水资源的充分回收与有效利用。同时，由于雨水资源化利用施工组织灵活，可分批实施，一方面投资相对较少；另一方面，通过景观收集利用雨水能减少向市政管网排放的雨水量，可以减轻市政管网的压力，减小市政管线的规模，从而节省市政投资及维护费用，改善雨水回收利用工程复杂、投资大和推广难的窘境。此外，雨水资源化形成的城市景观，在满足城市娱乐性及观赏性水环境需求的同时，可提高人们节水与环保意识，其建设和后期维护管理也能为社会提供一定的就业机会。因此，将城市景观与雨水资源化利用相结合，实现雨水资源的可持续利用，在城市中显得尤为重要，具有较强的可实施性和推广意义。

图1-19　雨水景观设施（南京河西生态公园）

1.4.4　雨水景观的内涵发展

20 世纪 70 年代，发达国家开始了对于雨水景观和生态雨洪管理的研究，通过多年的理论总结和实践验证，各国相互借鉴但又因地制宜，形成了具有本国适应性特点的雨洪管理体系。目前国内外形成了多套相对完善的雨洪管理理论体系，具有代表性的有美国的最佳管理措施和低影响开发、德国的生态城市理论、澳大利亚的水敏型城市、英国的可持续排水系统、新西兰的低影响城市设计与开发，以及中国海绵城市理论。

生态雨洪管理技术途径多种多样，从风景园林学的角度进行研究，现有的雨水景观技术和措施也不胜枚举。从世界各国对雨水景观的研究和发展来看，现有的雨水景观措施主要有雨水花园、绿色屋顶、人工湿地、绿色街道、生态水渠、地下储水池等。雨水的景观学利用，不仅包括了雨水的收集，更主要的是用景观学途径对雨水进行储存，保证雨水的自然下渗。在对城市进行雨水景观规划设计时，不仅要考虑景观的功能性作用，更重要的是保证雨水景观的生态自然。在城市雨水景观设计中我们不仅要考虑城市的气候、地貌特征、水文特征以及周围环境，更要深入研究其雨水特征，选择恰当的雨水景观措施进行规划设计。

综上所述，在城市生态雨洪管理中，建立系统化的城市雨水景观体系，对雨水景观技术措施的科学合理应用不可或缺，其打破了传统城市建设模式，为城市的生态、可持续发展增添浓重的色彩，对缓解城市洪涝、干旱与解决人们日常生活、生产用水等都起着举足轻重的作用，同时也有着重要的战略性意义。

1.5　雨水景观相关学科

1.5.1　生态水文学

生态水文学是兴起于 20 世纪 90 年代的一门研究生态格局和生态过程变化的水文学机制的交叉学科，介于生态学与水文学之间，它的一个重要研究方向是在不同时空尺度上和一系列环境条件下探讨生态水文过程。生态水文学是在淡水资源短缺逐渐成为全球问题时，1992 年在都柏林国际水与环境大会上作为一门独立的学科提出来的。生态水文学的最终目标是在保持生物多样性、保证水资源的数量和质量的前提下，提供一个环境健康、经济可行和社会可接受的水资源持续管理范式。

生态水文学与传统水文学最大的区别在于其吸收了许多生态学理论，特别是生态系统方法论。因此更为重视不同生态系统及其变化与水文过程间相互关系的探讨，而这正是生态水文过程研究的内涵。主要是揭示景观中植被在可利用水资源条件下的协同进化和组织过程。对生态水文过程进行研究可以为合理生态水文格局的构建和水资源的持续利用提供理论支持，同时，作为交叉学科，生态水文学构建了水文学和土壤学、植物生理学和地理学等的联系，扩大了水文学的研究领域。

1.5.2　景观生态学

景观生态学是德国地理学家 Troll 于 1939 年提出的，其研究对象是景观单元的类型组成、空间配置及其与生态学过程相互作用。不同于传统生态学主要研究"垂直关系"，即在一个相对一致均质性的空间内研究植物、动物、大气、水和土壤之间的关系，景观生态学主要在于研究"水平关系"，即单元之间的关系，这一学科的建立为解决景观水平过程与景观格局的关系提供了强有力的理论指导，从而使景观的生态学规划进入一个新时代。景观生态学的核心内涵即是一门强调景观空间格局、生态过程与尺度之间的相互作用的科学。

城市水景观体系研究以景观生态学为指导思想，研究不同尺度下水系景观格局与生态过程的相互关系，通过对斑块数量、大小、形状、空间位置等以及廊道结构、功能的定性和定量描述，结合空间格局分析进行生态评价，并通过适度改善景观格局影响河流生态过程，达到人为干预促进河流及周边生态系统健康发展的目标。

水景观格局是指水域与周边景观组成单元的空间格局。广义地讲，水景观格局包括水景观组成单元的类型、数目以及空间分布与配置。结合景观生态学理论和水要素的美学价值论，景观生态学中斑块、廊道和基质构成的景观基本空间单元仍适用于城市水景观空间单元。水景观中的斑块指与周边环境的外貌或性质上不同，并具有一定内部均质性的空间单元，如城市湖泊、水库、水塘、植物群落或居住区等。廊道是指水景观中的相邻两边环境不同的线性或带状结构，如城市河道、绿色长廊、防护林等。基质则是指水景观中分布最广、连续性最大的背景结构。"斑块—廊道—基质"的组合是最常见、最简单的城市水景观空间格局构型，是水景观功能、格局和过程随时间发生变化的主要决定因素。

1.5.3　社会水文学

在气候变化和人类活动的影响下，水资源稀缺性不断增加，流域生态系统在长期进化过程中形成的动态平衡状态被打破。因此，社会水文学的研究目的是建立起社会系统和生态系统之间的再平衡，实现流域可持续发展和社会生态系统的代际公平。

社会水文学是一门关于流域尺度水平衡的社会系统与生态系统长期共进化的学科，在传统水文学及其交叉学科（如生态水文学和水文经济学），以及社会水循环的基础上产生的，是旨在促进水资源可持续利用的人水关系的新兴交叉学科。社会水文学采用跨学科的研究方式，运用历史分析、比较分析和过程剖析并耦合定量化的方法，理解和预测人水耦合系统及其协同进化动力学。社会水文学观察、理解、预测人类活动区域的社会水文现象，将人类活动视作水循环过程内在部分的交叉学科，涉及水文学及其他自然、社会、人文学科，目的是探究人水耦合系统的相互作用及其协同进化的过程，以支持水资源可持续管理。社会水文学涵盖自然与社会水循环，并且着重于人水耦合系统的互馈方式和协同进化的动态过程。

狭义社会水文学重点关注以内部弹性表征水资源在社会系统和生态系统之间的分配，以及外部弹性表征水资源分配导致的社会系统和生态系统生产力的变化，用这两个弹性变化揭示流域社会—生态系统耦合协同演化的过程。广义社会水文学则研究文化、技术与管理等社会系统要素变化对水资源在社会系统与生态系统之间的分配与再分配对流域社会生态系统的影响，建立内外影响弹性机制，通过观察这两个弹性演变，建立人水系统的长期互馈机制。

1.5.4　水资源经济学

近年全球旱灾洪灾频发，也使公众对水更加敏感和关注，水域的减少给城市气候、水文、生物以及城市生态等带来严重的负面影响，威胁到地方经济发展和居民的生存环境，真正可供人类饮用的水也在惊人地减少。非常规水资源的有效利用是对分散水资源的管理，以小系统聚沙成塔般发挥整体的功效，前述水问题以及城市生态系统的破坏和生态机制的改变，可通过非常规水资源利用，恢复因城市化而受损的水文循环，因此，非常规水资源的景观利用以及重点保护不可再生的自然资源成为滨水景观和水景设计的重中之重。

在规划设计中，应将城市雨水、污水等视为资源而不是麻烦和问题，通过与多学科的合作，采用"回归自然、还原生态"的方式，以达到保护环境、美化环境，充分合理利用水资源的目的，为修复城市水文贡献力量。

非常规的水资源景观利用是指为了尽量减少城市发展对水环境、水生态的影响，有目的地采用各种措施对雨水资源、洪水资源、工业或生活废水、处理过的中水等进行收集、储存和净化最后运用到景观中去，将风景园林规划设计与改善水环境、防洪、优化水质、保护栖息地、营造亲水空间等相结合，促进水环境与水景观的共同持续发展。

传统的水资源管理通常将雨污水合流处理排放，而非常规水资源景观利用则提倡分散处理，强调现场收集、处理和利用，控制区域水环境污染，维持和改善地表水和地下水水质及水生环境，引导有效利用水资源，确保可获得充足的符合环境标准的水资源，力求创设符合自然的水文状况和生态过程。

非常规水资源的景观利用可以缓解城市发展对自然水循环的负面影响。在规划设计中通过采用适当的措施可以达到以下目的：维持和恢复自然水循环平衡；保护和提高土壤与植被的水土保持能力，降低城市不透水率；减少地表径流，降低洪涝对城市的危害；减少污染源、提高河川及地下水的水质；减少对水道、斜坡和水岸的侵蚀；提高水资源的利用效率，增强节水意识；减少新建和维护城市排水基础设施的费用；保护和恢复水生及滨水生态系统及栖息地；保护并提高河川的景观和休闲价值；增加城市亲水和近自然空间等。

复习思考题

1. 简述中西方水景的发展历程以及各个阶段的特点。
2. 试从"人—水—城"关系角度分析现代水景的功能与作用。
3. 概括总结人与自然和谐的城市理水观及其内涵释义。
4. 对比传统雨洪管理模式与生态雨洪管理的特征内涵。
5. 简述雨水景观的概念内涵及其时代意义。

推荐阅读书目

1. 园冶 . 计成 . 中国建筑工业出版社，2018.
2. 西方造园变迁史 . 针之谷钟吉 . 邹洪灿译 . 中国建筑工业出版社，2004.
3. 景观生态学——格局、过程、尺度与等级 . 邬建国 . 高等教育出版社，2007.
4. 水文生态学与生态水文学：过去、现在和未来 . Paul J. Wood，Hanna . 王浩等译 . 中国水利水电出版社，2010.
5. 城市与水——滨水城市空间规划设计 . 王劲韬 . 江苏凤凰科学技术出版社，2017.

第2章

传统生态理水

2.1 中国古典园林生态理水艺术

中国古典园林蕴含着浓厚的中国传统文化，追求的是"虽为人作，宛自天开"的表现形式。山、水、植物、建筑是古典园林四大要素，中国古典园林不只是对这些构景要素进行简单的堆砌，而是对构景要素进行有意的加工和改造，将其在景观中巧妙和谐地展示，通过自然化的手段达到"本于自然，高于自然"的境界，反对相互对立、相互排斥，达到"建筑美与自然美的融糅"。

"仁者乐山，智者乐水"的传统思想使得水这种自然元素无论是在皇家园林或是私家园林中都倍加重视。理水是重要的园林构成元素之一，正所谓"无水不成园"。亲水性是人类与生俱来的特性，所以人类所建造的各种园林，无不依水而建，即使由于自然环境限制无法依傍天然水源，也会想方设法人工引水，从而丰富园林的空间环境。水可曲可直、可静可动、可显可藏，其表现形态非常丰富，能够与园林之中的各种元素和谐相处。

2.1.1 中国古典园林理水思想

中国古典园林具有显著的中国特色，古典园林理水也具有浓厚的中国文化特征。中国古典园林蕴含着丰富而深刻的造园理水思想内涵与外在表象，主要可以归纳为：自然观、文化观、艺术观。

2.1.1.1 自然观

（1）老庄的自然观

道家推崇"人法地，地法天，天法道，道法自然"，认为自然才是万物的根本。"道"的中心含义就是"自然无为"，主张顺应自然，以自然为本，一切都取法自然，不能对自然进行过多的人工干预，只有顺应自然，才能够做到人与自然的和谐相处。

老庄哲学思想内在包含着自然山水审美意识的潜在逻辑内涵，古典园林之所以崇尚自然、追求自然，就是在于对潜在自然中的"道"与"理"的探求。老庄思想在古典园林理水中的表现有两点：

一是"崇尚自然，道法自然"，中国古典园林中的水景对自然中的水进行了高度的概括与提炼，然后加以艺术审美，把自然美与人工美完美地结合起来，创造出"虽由人作，宛若天开"的"天人合一"的山水园景，对水的梳源和引用也力求彰显自然之美，展现曲折深远的天然意境。不论是水面形状、空间组织都讲究临摹自然山水并对其进行艺术加工，追求以小见大的意境，根据园林选址的场地特征，低则挖池，高则堆山或引水入园，使园内水景出现江、河、湖、海、溪、瀑、泉、潭、池等自然的水体形态。园林中的水有时聚有时散，有时开有时合，有时收有时放，有时曲有时直……趣味无穷如"收之成溪涧，放之为湖海"，并利用蜿蜒曲折的水系，营建开合有致的园林景观（图2-1a）。

二是体现为园林理水中的朴素观，即"虚静"精神。道家创始人物老子最先提出"虚静"概念，其在《老子》曰："致虚极，守静笃。"后来的庄子继承并发展了"虚静"概念，庄子所讲的虚静无为具有明显的避世情怀，然而正是这种避世情怀才能够避免和丑恶的现实和光同尘，坚守"纯白"，追求"纯素"，达到超然物外的精神境界。山水之好、园林之乐，处处与清雅的尚好、静远的性情及精神的超然物外联系着。园林"虚静"精神，通过宁静的空间、静态的水流、自然的树木等对环境的渲染而成，表现园林的清、淡、静、雅，超凡脱俗；以"淡""静"表象显示含蓄、意味深长的意蕴，若实若虚，似有似无（图 2-1b）。

（2）文人士大夫的自然观

中国传统山水园林体现了文人、画家、园林家对大自然山水的渴望和追求，是对自然的崇尚和认识的艺术总结。从相地、布局、造景等角度形成了尊重自然、模仿自然、再现自然的园林理水自然观。

①相地——尊重自然　造园首先在于选址。古人在造园时表现出对场地的尊重，常常根据基址地形特质布局水体形态和挖掘水源。讲求因地制宜、互相借资的巧妙，"相土尝水、因地制宜""立基先究源头，疏源之去由，察水之来历""园基不拘方向，地势自有高低；涉门成趣，得景随形，或傍山林，欲通河沼"。强调连通河流和沼泽，保留其原有的自然水体风貌，营造自然沼泽湿地与水系的生态水网法则（图 2-2）。

同时，园林理水作为造园的重要环节，对水的平面布局、空间形态、水源与流向、水尾的处理通常是分析周边环境的特点的前提下进行合理的布置，对水质的保持也尤为关注。传统的水源处理方式多，如网师园（图 2-3a），为表达其内部水系的源与流，将水源的入水口和园内水景源流相结合，刻意留出水口与水尾，并在水口处设置水门并用假

山石或植被遮挡，利用植物与山石作为掩映（图 2-3b），以显示疏水若为无尽之意。

②布局——模仿自然　从园林布局手法上看，中国古典园林中的水景是对自然的模仿，其布局方式可以分为集中式布局、分散式布局和离心式布局三种，表现的是河、湖、海三种综合景色，因河有源，因湖有岛，因海有神。

集中式布局　多以小尺度园林为主，通常采用以长宽基本无明显长度对比的水池为中心的布局形式，边界为由自然山石围合的不规则驳岸，水面平静开阔，水景视域通透，水中可分布有岛等，建筑环绕分布于四周，形成内聚向心的格局，给人心旷神怡之感，通过模拟湖泊、池沼等开阔的自然水域，具有"纳千顷之汪洋，收四时之烂漫"的意境，为园林有限的空间增添舒朗的感觉。如北海画舫斋和颐和园内的谐趣园（图 2-4a、b）、苏州畅园、网师园（图 2-4c、d）和留园等都是这种水景布局方式。

a　　　　　　　　　　　　b

图2-1　南京愚园——曲折深远的自然式水体（a）
以及园林"虚静"美（b）

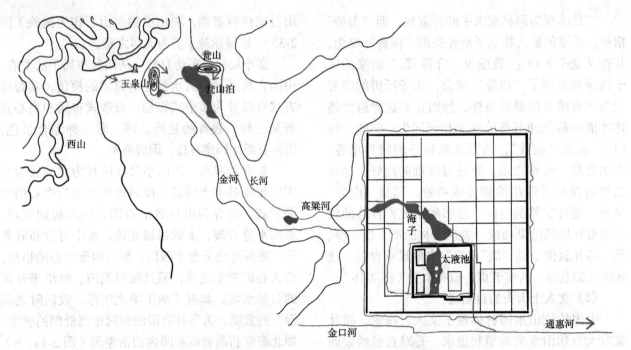

图2-2 元大都时期北京水系——疏源之去由，察水之来历

[依周维权《中国古典园林史》（第三版）改绘]

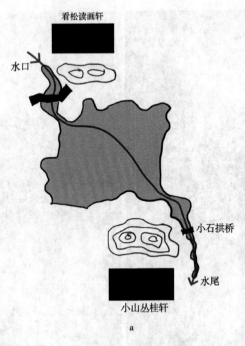

a

图2-3 网师园水源梳理示意图（a）和

水口遮挡（b）

[依周维权《中国古典园林史》（第三版）

改绘]

b

图2-4　集中式水体布局——北京颐和园谐趣园（a、b）和苏州网师园（c、d）

分散式布局　多采用对自然模仿与提炼所形成的"一池三山"池岛结构的理水手法，将大片水域化整为零，用岛、石、河道等将水面划分为多个小水域，使水体分为一大一小两部分，大则浩瀚无垠，小则恬静安然，使园林整体上产生多个景观中心，既彼此连通又可自成一体，多景观的视域变化丰富了水面层次，皇家园林的大部分水景都采用该形式，如北京的颐和园岛桥水的布局（图 2-5a、b）。此外，在小型私家园林中也存在分散式的理水布局，把大部分的水域化整为零分成各个小型水域，并且相互联系，给人源远流长、幽静深远之感，如苏州拙政园的水体景观（图 2-5c、d）。

离心式布局　是中国古典园林中水体居于一隅的水体布局形式，相对布置假山与植物等，形成山水平分秋色的景观格局。如南京瞻园是以山为主、以水为辅的山水园（图 2-6）北假山以体态多变的太湖石堆成，尚保留有若干明代"一卷代山，一勺代水"的叠山技法，临水有石壁，下有石径，临石壁有贴近水面的双曲桥。石壁下有两

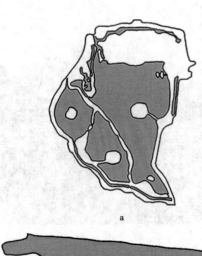

a

b

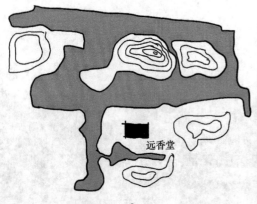

远香堂

c

图2-5 分散式水体布局示意图与范例——北京
颐和园（a、b）和苏州拙政园（c、d）

[依周维权《中国古典园林史》（第三版）改绘]

d

图2-6 离心式水体布局——南京瞻园

层较大的石矶，有高有低，有凹有凸，中有悬洞，形态自然，丰富了岸线的变化，增加了游人游览的趣味。西假山则以土为主体，用太湖石驳岸，石头犹如土中长出，充满自然野趣，山侧留洞口，供游人涉足探幽。

③造景——再现自然　古典园林造园山石、植物、水体、建筑四要素中，水为"虚"，要达到寓意深厚、情景交融、"师法自然，而高于自然"的境界，仅依靠水体本身是无法实现的，水景需要与山石、植物、建筑等相互配合，虚实掩映，方能再现自然。

与山石相映成景　所谓"水随山转，山因水活"。将山石和水体相伴相生，依山傍水成为效仿自然的重要园林设计手法。中国古典园林中的山和水大多是写意式的微缩山水，山水组合遵循自然山水规律，根据地形差异来巧妙设置布局，包括：山环水抱式（图2-7a）、以水环山式（图2-7b）、山水相融式（图2-7c）等基本布局形式。

与植物相映成景　《林泉高致·山水洲》中说，"水欲远，尽出之则不远，掩映断其派则远矣""水尽出不唯无盘折之远，兼何异画蚯蚓"，意即水体需要掩映才能显其深远。传统园林中以水为基底，通过植物与水景的搭配，水边植栽疏密有致，通过植物障景、遮景、柔化水源等作用，虚实结合，丰富水域空间层次，增加景观趣味性和视觉体验（图2-8）。

与建筑相映成景　古典园林中往往建筑都面向水面，根据水位的高低及规模的大小，园林建筑或建筑群"大园宜依水，小园重贴水"，既可以更好地观赏水景，达到"园内处处有水可依"的效果，同时依水而建和贴水而建的建筑在水中形成倒影又增加了水景的丰富度。如苏州网师园、艺圃的建筑采用依水而建的形式，全部环绕水体营建（图2-9）。"景藏则深，露则浅"，通过建筑物的遮掩，也增加景致的神秘感，形成山重水复、水源绵绵无尽头的幽深之感。建筑与水体、山石、植物等要素有机组合在一幅风景画中，依山傍水，与周围环境实现了良好的对话，以达到建筑美与自然美的融合（图2-10）。

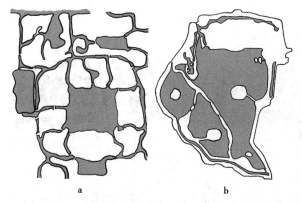
a　　　　　　　　　b

c

图2-7　水与山石相映成景——山环水抱式（a）、以水环山式（b）和山水相融式（c）

［依周维权《中国古典园林史》（第三版）改绘］

图2-8　水与植物相映成景——疏柳横斜，借木障水

图2-9　水与建筑相映成景——苏州艺圃

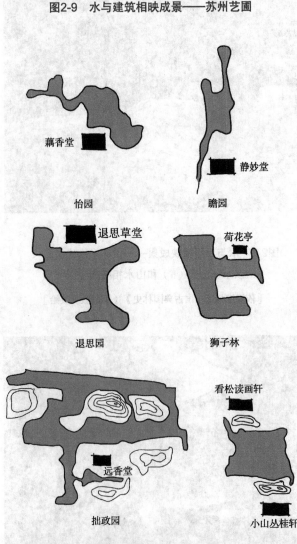

图2-10　园林中主要建筑与水体的位置关系

[依周维权《中国古典园林史》(第三版)改绘]

2.1.1.2　哲学观

通过对水的形态、运动规律、功能等诸方面的细致观察，先贤比德于水，以水悟道，由水论政，甚至认为水是世界的本源。先哲们对水的诸多认知与意象，丰富了水的内涵，其中呈现和表达出的水之哲理，也成为后世园林理水的哲学基础。

(1) 天人合一

在中国传统文化中，"天人合一"的思想无论在道家、儒家或是佛教，都被视为解决人与自然关系的基本思想。古代文人雅士就是在"天人合一"的生态思想指导下，借鉴自然界的溪涧、湖泊，通过匠人精妙的设计，将山水意境与美学相结合，营造出诗意的人居环境。园林中的构筑物、山石、植物等都是以水为中心，依水而建、傍水而生，从而形成了一种向心、内聚的格局，人们游园时能够从中感受到天、地、人和谐相生的妙趣与自然的艺术。

(2) 君子比德

水柔软清澈，得势而流，源泉不断，动静相呈，由高而低，以无惧之势，百折而东，终入浩瀚大海。水的这些自然特性常常被古贤人比喻成理想人格或圣人的特性。孔子是比德山水思想的代表，他认为仁智者所具有的品性同山水的特性相同。中国文人对水有着极富哲理理解和深厚的情感，往往以水比德，将水拟人，赋予水处世哲学及伦理道德，从而使水有了人的"情和意"。园林主人正是看中了水的这些品质，想方设法引水进园，表达自己的志向以及情感，经过造园师精湛的理水手法，形成园林水景。

2.1.1.3　意境观

理水贵在意境营造，创造客观景物与主观思想感情高度融合的一种境界。造园家以诗、画入园，利用写诗、绘画的章法组织景观空间序列，使山水诗、山水画、山水园三位一体，互相渗透，于有限空间内创造入情、入画、入诗、入典、入格、入理的意境。

(1) 以小见大

古典园林需要在有限的空间去营造无限的意

境，所以园中的景致大都突出以小见大的效果。皇家园林一般水面体量巨大，但在很多理水细节仍然追求小中见大的效果。江南私家园林由于用地规模的局限性以及中国传统文化特有的含蓄内敛的特性，在园林营造方面更加追求小中见大，以较小的空间尺度展现无限的自然空间，置身其中犹如亲临名山大川。

（2）虚实相生

虚与实是一对既抽象又概括的范畴，虚与实相互依存，对立存在，由于相辅相成而协调一致。实景是中国园林现实中存在的山石、桥廊、植物等，虚景是实景之外，没有具体的形状，如园林理水中的空间、光影、声音等。实景是有限的，而虚景则是无限的。"一峰则太华千寻，一勺则江河万里"，就是虚实相互作用给观赏者的感受。园林中凡视觉无尽之景，都是一种"化实为虚"，如小池以湖石驳岸，犬牙互差，打破了岸堤的实线完整；曲廊修阁架水，不见源头边岸；岩涧洞壑之莫穷，皆"化实为虚"（图 2-11）。

（3）巧于因借

借景是巧妙地将园林外面的景物"借"到园林里面，使其成为园林景物的构成部分。借景主要包括七种类型，分别是近借、远借、邻借、互借、仰借、俯借、应时借。例如，北京颐和园就是将远处的西山与近处的玉泉山借为背景，彰显了湖光山色的写意（图 2-12a）。再如无锡寄畅园暗引惠山泉，叠石开涧，弄水逗泉，水在幽谷深涧间转流时而跌落，时而滴注，时而奔流，时而静伏，水声犹如八种乐器齐奏，园主以"八音涧"命名（图 2-12b）。

图2-11　水景的虚与实

a

b

图2-12　借景的应用

a. 北京颐和园　b. 无锡寄畅园八音涧

图2-13 水景阔远（a）、深远（b）、迷远（c）

（4）寓情于景

人们常以物明志，寓情于景，给景物灌注人格灵魂，欣赏美景时讲究触景生情的艺术效果，带给人们鲜明生动的联想和引起灵魂的共鸣，这就是园林的意境。古典园林实质上就是园林主人自己内心情感和哲理参悟的客观凝聚物，同时又是观赏者在自己内心形成意象的参照物。

《园冶》中写到的"多方胜境，咫尺山林"，中国古典园林的造园师既要拥有画家的眼光来观察自然山水，还要拥有诗人的情感来营造意境，在园林中用物质来追求"入画"，在精神层面讲究"诗意"，从而形成了古典园林的"诗情画意"。对于水景的画境营造，孟兆祯先生提出"水之三远"，即阔远、深远、迷远（图2-13），通俗来讲就是以三种不同的视觉感受勾勒风景画面。对于理水精神层面的"诗意"，则多以自然山水为摹本，往往通过寄情山水来表达园主人的志向、抱负等个人情感，通过对不同形态和意境的水景的刻画，隐喻表达寄托情思。

2.1.2 中国古典园林理水手法

中国古典园林理水手法概括而言，包括：亲和、延伸、藏幽、渗透、暗示、迷离、萦回、隐约、隔流、引出、引入、收聚、沟通、开阔、象征、仿形、借声、点色等。

（1）亲和

通过贴近水面的汀步、平曲桥，映入水中的亭、廊建筑，以及又低又平的水岸造景处理，把游人与水景的距离尽可能地缩短，水景与游人之间就体现出一种十分亲和的关系，使游人感到亲切、合意、有情调和风景宜人。园林景观中的建筑、山石常常深入的水面，给游人一种亲和的感受（图2-14）。

（2）延伸

园林建筑一半在岸上，一半延伸到水中；或岸边的树木采取树干向水面倾斜、树枝向水面垂落或向水心伸展的态势，都使临水之意显然。前者是向水的表面延伸，而后者却是向水上的空间延伸。北京颐和园谐趣园的饮秋亭和洗绿轩，饮秋亭一半在岸上，一半在水中，使游人更延向水面（图2-15）。

（3）藏幽

水体在建筑群、林地或其他环境中，都可以把源头和出水口隐藏起来。隐去源头的水面，反而给人留下源远流长的感觉；把出水口藏起的水面，水的去向如何，也更能让人遐想（图2-16）。

（4）渗透

水景空间和建筑空间相互渗透，水池、溪流在建筑群中留连、穿插，给建筑群带来自然鲜活的气息。有了渗透，水景空间的形态更加富于变化，建筑空间的形态则更加舒敞，更加灵秀。如南京瞻园的水景与栈桥、建筑空间的相互渗透作用（图2-17）。

亲和——建筑在水中

图2-14　园林水景亲和的应用模式及实例（苏州艺圃）

延伸——建筑、阶梯向水中延伸

图2-15　园林水景延伸的应用模式及实例（北京颐和园谐趣园饮秋亭）

幽藏——水体在树林中

图2-16　园林水景藏幽的应用模式及实例（南京瞻园）

（5）暗示

池岸岸口向水面悬挑、延伸，让人感到水面似乎延伸到岸口下，这是水景的暗示作用。将庭院水体引入建筑物室内，水声、光影的渲染使人仿佛置身于水底世界，这也是暗示效果。如苏州留园"活泼泼地"将水引入建筑下方，起到很好的暗示作用（图2-18）。

（6）迷离

在水面空间处理中，利用水中的堤、岛、植物、建筑，与各种形态的水面相互包含与穿插，形成湖中有岛、岛中有湖，景观层次丰富的复合性水面空间。在这种空间中，水景、树景、堤景、岛景、建筑景等层层展开，不可穷尽。游人置身其中，顿觉境界相异、扑朔迷离。如杭州西湖和北京颐和园的湖心岛（图2-19）。

（7）萦回

由蜿蜒曲折的溪流，在树林、水草地、岛屿、湖滨之间回还盘绕，突出风景流动感。这种效果

图2-17 园林水景渗透的应用模式及实例（南京瞻园）

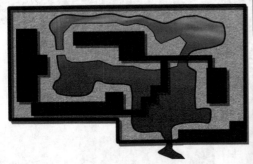

渗透——水体穿插在建筑群里

图2-18 园林水景暗示的应用模式及实例（苏州留园"活泼泼地"）

暗示——引水入室

图2-19 园林水景迷离的应用模式及实例（北京颐和园昆明湖）

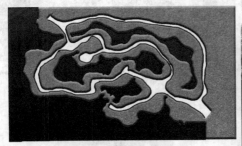

迷离——湖中岛与岛中湖

反映了水景的萦回特点（图 2-20）。如无锡寄畅园的八音涧、南京瞻园的溪涧等。

（8）隐约

使种植着疏林的堤、岛和岸边景物相互组合与相互分隔，将水景时而遮掩、时而显露、时而透出，就可以获得隐隐约约、朦朦胧胧的水景效果（图 2-21）。

（9）隔流

对水景空间进行视线上的分隔，使水流隔而不断，似断却连。可以利用桥分割水面空间，增加水面的层次。如苏州拙政园小飞虹是连接水面和陆地的通道，同时构成了以桥为中心的独特景观（图 2-22）。

（10）引出

庭园水池设计中，不管有无实际需要，都将池边留出一个水口，并通过一条小溪引水出园，到园外再截断。这种对水体的处理，其特点还是在尽量扩大水体的空间感，向人暗示园内水池就

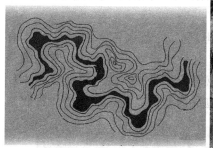

萦回——溪涧盘绕回环

图2-20　园林水景萦回的应用模式及实例（水景的萦回）

隐约——虚实、藏露结合

图2-21　园林水景隐约的应用模式及实例（上海辰山植物园）

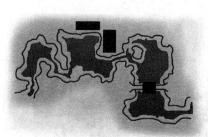

隔流——隔而不断

图2-22　园林水景隔流的应用模式及实例（苏州拙政园小飞虹）

是源泉，暗示其流水可以通到园外很远的地方，所谓"山要有限，水要有源"的古代画理。如苏州网师园水面聚而不分，池西北石板曲桥，低矮贴水，东南引静桥微微拱露，曲折多变，使池面有水广波延和源头不尽之意（图2-23）。这是在古典园林中常用的手法，在今天的园林水景设计中也有应用。

（11）引入

引入和水的引出方法相同，但效果相反。水的引入，暗示的是水池的源头在园外，而且源远流长。如苏州沧浪亭园门一池绿水绕于园外，临水复廊的漏窗把园林内外山山水水融为一体（图2-24）。

（12）收聚

大水面宜分，小水面宜聚。面积较小的几块

水面相互聚拢，可以增强水景表现。特别是在坡地造园，由于地势所限，不能开辟很宽大的水面，就可以随着地势升降，安排几处水面高度不一样的较小水体，相互聚在一起，同样可以达到大水面的效果。如苏州拙政园水面有聚有散，聚处以辽阔见长，散处则以曲折取胜（图2-25）。

（13）沟通

分散布置的若干水体，通过渠道、溪流顺序串联起来，构成完整的水系，这就是沟通。如西安大唐芙蓉园利用汀步等沟通水面（图2-26）。

（14）开阔

水面广阔坦荡，天光水色，烟波浩渺，有空间无限之感。这种水景效果的形成，常见的是利用天然湖泊点缀人工景点，使水景完全融入环境之中。而水边景物如山、树、建筑等，看起来

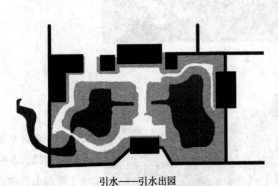

引水——引水出园

图2-23　园林水景引出的应用模式及实例（苏州网师园用桥分隔暗示将水引出）

引入——引水入园

图2-24　园林水景引入的应用模式及实例（苏州沧浪亭临水复廊）

都比较遥远。如北京颐和园昆明湖开阔的水面（图2-27）。

（15）象征

以水面为陪衬景，对水面景物给予特殊的造型处理，利用景物象形、表意、传神的作用，来象征某一方面的主题意义，使水景的内涵更深，更有想象和回味的空间。如日本枯山水艺术中，置石分别象征大海和岛群，使人联想到大海群岛的大自然景观，心情格外超脱平静，这就是禅学所追求的境界精神（图2-28）。

（16）仿形

模仿江、河、湖、海、溪、泉等形状来设计水体，将大自然中的景观浓缩于园林之中。

（17）借声

借助各种动水与周围物体发生碰撞时发出的多种多样声响来丰富游园的情趣。"水令人远，石令人古，园林水石最不可无。"水是流动的，是轻灵的，是能够给人以多种感觉形式下的审美快感的。流水不但能够提供视觉美，流水声也给人以听觉美，水的跌落在堰道中回声叮咚犹如不同音节的琴声。如桂林的琴潭、无锡寄畅园的八音洞、杭州的九溪十八涧等，都可以让人体验到水声带来的美感。清代俞曲园诗"重重叠叠山，高高低低树，叮叮咚咚泉，弯弯曲曲路"，就十分形象地描绘了园林中水景的声音美。

（18）点色

水面能反映周围物象的倒影，利用不同水体的颜色来丰富园林的色彩景观称为点色。如海水呈天蓝色，湖水呈深绿色，池水呈碧绿色。还有随着季相变化有新绿、红叶、白雪、桥影等点色

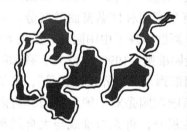

收聚——小水面聚合

a

b

c

图2-25　园林水景收聚的应用模式（a）及实例［拙政园水面散处曲折（b）、聚处辽阔（c）］

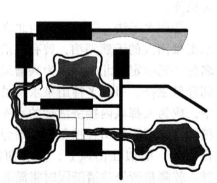

沟通——使分散水面相连

图2-26　园林水景沟通的应用模式及实例（西安大唐芙蓉园）

开阔——大尺度的水景空间

图2-27　园林水景开阔的应用模式及实例
（北京颐和园昆明湖景观）

象征——日本式的枯山水
以波浪象征水波

图2-28　园林水景象征的应用模式及实例（石庭）

美景（图2-29）。

2.1.3　中国古典园林理水案例

2.1.3.1　皇家园林理水

（1）颐和园

①概述　颐和园主景区由万寿山、昆明湖组成，全园占地3.009km²，水面约占四分之三。颐和园前身为清漪园，始建于清朝乾隆十五年（1750），咸丰十年（1860）被英法联军烧毁。光绪十二年（1886），清廷挪用海军经费等款项开始重建，并于两年后取用今名，作为慈禧太后的颐养之所。1900年又遭八国联军破坏，1902年修复。中华人民共和国成立后，几经修缮，颐和园陆续复建了四大部洲、苏州街、景明楼、澹宁堂、文昌院、耕织图等重要景区。

颐和园集传统造园艺术之大成，借景周围的山水环境，既有皇家园林恢弘富丽的气势，又充满了自然之趣，高度体现了中国园林"虽由人作，宛自天开"的造园准则。1998年12月，颐和园被联合国教科文组织列入"世界遗产名录"，并予以如下评价：北京颐和园是对中国风景园林造园艺术的一种杰出的展现，将人造景观与大自然和谐地融为一体；颐和园是中国的造园思想和实践的集中体现，而这种思想和实践对整个东方园林艺术文化形式的发展起了关键性的作用；以颐和园为代表的中国皇家园林是世界几大文明之一的有力象征。

②理水手法　昆明湖原为北京西北郊众多泉水汇聚而成的天然湖泊，曾有大泊湖、瓮山泊等名称。元朝定都北京后，为兴漕运，经水利专家郭守敬主持，引昌平神山泉水及沿途流水注入湖中，成为大都城内接济漕运的水库。明代湖中多植荷花，周围水田种植稻谷，湖旁又有寺院、亭台之胜，酷似江南风景，遂有西湖、西湖景之誉。乾隆皇帝修建清漪园时将湖展拓为现在的规模，并取汉武帝在长安开凿昆明池操演水战的故事，命名为"昆明湖"。总面积达二百余公顷，约占全园总面积的四分之三。按照中国历代皇家园

林"一池三山"的理水方式，在湖内建有"南湖岛""治镜阁岛"和"藻鉴堂岛"三个中心岛屿，并且仿照杭州西湖的苏堤修建成西堤。粼粼的湖水，蜿蜒的堤式，错落的岛屿，以及隐现在湖畔风光中的各式建筑，组成了颐和园中以水为主体的绝色风景（图 2-30）。

西堤是仿杭州西湖苏堤而建，从北向南依次筑有界湖桥、豳风桥、玉带桥、镜桥、练桥、柳桥六座式样各异的桥亭；在柳桥和练桥之间为取范仲淹《岳阳楼记》中"春和景明，波澜不惊"之句命名的景明楼。沿堤遍植桃柳，春来柳绿桃红，有"北国江南"之称。

（2）承德避暑山庄

①概述　承德避暑山庄始建于 1703 年（康熙四十二年），经康熙、雍正、乾隆三朝，历时 89 年于 1792 年建成，占地 564 万 km²，是世界现存最大皇家园林。1961 年被国务院公布为全国重点文物保护单位。山庄造园取法自然，不假雕饰，120 余组建筑掩映于山水草木之间，构成融南秀北雄于一体、集全国名胜于一园的壮美景观。避暑山庄及周围寺庙于 1994 年被联合国教科文组织列入"世界遗产名录"。游览避暑山庄景区，欣赏博大精深的园林艺术，品味积淀丰厚的文化底蕴。

②理水思想　康熙和乾隆两位皇帝追求"移天缩地在君怀"的园林意境，利用避暑山庄内丰富的自然景物和复杂多变的地形特点，使苑景区形成了东南湖区、东北平原区和西北山区的布局，俨然构成了一幅中国版图的缩影。避暑山庄的天然形胜，诚如《热河志》上所说："阴阳向背，爽垲高明，地居最胜，其间灵境天开，气象宏敞"，可以称为天然山水圣地。景苑区的西北有交错的山岭溪谷，东北有谷原树林，东南有低凹的湖沼洲岛，植被景观蔚然深秀，周围山峦景色优美，是一处难得的天然空调氧吧。

"山庄以山名，而趣实在水"。避暑山庄湖区位于园内东南地势较低处，由大小 10 余个水面组成，总面积约 26.6hm²，占山庄总面积的 1/20。康、乾二帝数下江南巡游各处，博采名景，仿建于避暑山庄之中。但避暑山庄对比江南的园林却

图2-29　园林水景象征的应用模式——点色（南京紫金山）

图2-30　北京颐和园

并非照搬和仿制，而是力求在自然地貌的基础上糅杂点化，弃其形而求其魂。一方面，充分吸取各地优秀园林和胜景的精华，创造出更集中、更典型的园林意境；另一方面，利用得天独厚的自然环境，安排苑景，充分纳入山峦、峡谷、平原、湖沼和河流等景观要素，在尽量保留山林野趣的同时，巧妙地借用地形建，造出一座座楼台廊庑、桥亭轩榭、寺观塔碣，将自然之美与艺术建筑之美融为一体，构成丰富多彩、变幻无穷的综合园林建筑风格。康熙依照蓬莱、瀛洲、方丈三仙岛和杭州苏堤的意境，在山庄按自然地势建一堤三岛，分别属意为云朵、芝英和如意，并由三岛为主体组成若干个面积大小不一的水面。

山庄湖区的布局设计，是山庄园林建筑的精华所在。辽阔的湖面上岛屿罗布，湖面洲岛之间，均各以堤岸小桥曲径相通，再加上楼阁相间，垂柳依岸，造就了北方塞外罕见的江南水乡风光。整个湖区景色，以湖波水面为中心，配合山石、

花木、亭阁、桥梁，形成不同的景色。由于开阔明朗的水面能够在有限的空间内造成无限广阔的意境，给人以清澈、开朗的感觉，同时能够与周围的突兀峰峦和幽曲庭园之间，形成了疏与密、开阔与封闭、高峻与深远的鲜明对比，营造出"虽由人作，宛自天开"的景观意境。湖面设计有聚有散，弯环曲折，大水面平坦开阔，一望无际；小水面平整如镜，清澈见底，游鱼历历可数。辽阔的湖面上岛屿罗布，洲岛之间均各以堤岸小桥曲径相通。

山庄虽以山为名，实际上却以水景为主题材，著名的"康熙三十六景"中有水景十九处，"乾隆三十六景"中有水景十七处，绝大部分在湖区。山庄的湖面广阔，在湖、山之间有比例适当的平原区作过渡；同时，辽阔的湖面被如意洲、月色江声、青莲岛、金山等洲岛湖渚分隔成为澄湖、如意湖、长湖、镜湖、银湖、上湖、下湖、半月湖等水面，号称"十里塞湖"。远望塞湖之水，波平如镜，近观湖区风光，美如画卷。筑于微波涟漪、湖水荡漾之中的长堤、桥梁相连接，形成了曲折、深远、含蓄的意境。由于地形不同，湖水明暗聚散，急湍漫流，浅草微波，云水苍茫，静动各异，千姿百态。湖沼区的亭、榭、楼、阁借水创景，或临水倚岸，或半抱水面，掩映于柳暗花明之中（图2-31）。

2.1.3.2 私家园林理水

（1）拙政园

①概述　拙政园始建于明正德初年（16世纪初），距今已逾500年历史，是江南古典园林的代表作品。1961年被国务院列为全国第一批重点文物保护单位，与同时公布的北京颐和园、承德避暑山庄、苏州留园一起被誉为"中国四大名园"。1991年被国家计委、旅游局、建设部列为国家级特殊游览参观点。1997年被联合国教科文组织批准列入"世界遗产名录"。2007年被国家旅游局评为首批 AAAAA 级旅游景区。

拙政园位于古城苏州东北隅（东北街178

图2-31　承德避暑山庄

号），是苏州现存最大的古典园林，占地78亩（约合 5.2hm²）。全园以水为中心，山水萦绕，厅榭精美，花木繁茂，充满诗情画意，具有浓郁的江南水乡特色。花园分为东、中、西三部分，东花园开阔疏朗，中花园是全园精华所在，西花园建筑精美，各具特色。园南为住宅区，体现典型江南民居多进的格局。园南还建有苏州园林博物馆，是国内唯一的园林专题博物馆。

②理水思想　拙政园的特点是以水为中心，因此，在各个方面，充分抓住主题，处处突出水的优美。根据文徵明《拙政园记》说："王君敬止所居，界娄、齐门之间，居多隙地，有积水亘其中，稍加浚治，环以林木"，又说："凡诸亭槛台榭，皆因水为面势"。现在整个面积，池水占3/5。在池的中央，堆叠了两座并列的土山，把大水面划分为南北两部。从土山的西麓，又用两座曲桥，一面向南，连接倚玉轩；一面向西北，通到见山楼，把水再分隔东西，所有建筑物，几乎全部临水，环绕在池的周围，衬托着茂林修竹，曲槛低栏，真是一片幽美的水乡风味（图2-32）。

据《王氏拙政园记》和《归园田居记》记载，园地"居多隙地，有积水亘其中，稍加浚治，环以林木""地可池则池之，取土于池，积而成高，可山则山之。池之上，山之间可屋则屋之。"充分反映出拙政园利用园地多积水的优势，疏浚为池；望若湖泊，形成晃漾渺弥的个性和特色。拙政园中部现有水面近六亩，约占园林面积的1/3，"凡诸亭槛台榭，皆因水为面势"，用大面积水面造成园林空间的开朗气氛，基本上保持了明代"池广林茂"的特点。早期拙政园，林木葱郁，水色迷茫，景色自然。拙政园中部现有山水景观部分，约占据园林面积的3/5。池中有两座岛屿，山顶池畔仅点缀几座亭榭小筑，景区显得疏朗、雅致、天然。

中部是整个园的主体和精华部分，水体所占的比例很合理，《园冶》中指出"约丈亩之基，须开池者三，曲折有情，疏源正可，余七分之地……"。从中园原入口处绕过假山可以见到一水池，狭长而深邃，一石板桥处于水潭的约1/3处，水低反衬出山的高。中部的主体水城，被山、桥、亭分为大小

不同的7块。水中央为一大一小两座山，两山之间形成濠濮，水充其间。两山以石板桥与陆地相连，桥又将水面分割成形状不规则的图形。

假山南面的池里种植荷花，夏天即可在远香堂欣赏荷花，取宋周敦颐《爱莲说》："水陆草木之花，可爱者甚蕃。……予独爱莲之出淤泥而不染……香远益清，亭亭净植，……莲，花中君子"之意。石岸高低不同错落有致，还设有亲水石台。站在和风四面亭向南面看，狭长的水面拉长了人们的视线。小飞虹防止了水面的一览无余，又因它是有顶的曲桥，不仅增加了水面空间的层次感且增加了水面的趣味性。再远看是一水阁小沧浪，取《孟子》："沧浪之水清兮，可以濯我缨；沧浪之水浊兮，可以濯我足"之意境。此处墙体水流尽头，墙体被水阁挡住，水从水阁小沧浪下面流过，给人源头深渊不尽的感觉。与小沧浪遥遥相对望的北面是见山楼，此楼建于水上，可见水中的山故名见山楼。见山楼后面的狭长水自西园流进，廊墙连

图2-32　拙政园松风水阁

图2-33　网师园月到风来亭

接处水面有落差，产生哗啦啦的流水声。

（2）网师园

①概述　网师园是世界文化遗产、国家4A级旅游景区、国家级重点文物保护单位、苏州四大名园之一。为苏州典型的府宅园林，是我国江南中小型古典园林的代表作品。园始建于南宋淳熙年（1174年），原为南宋侍郎史正志退居姑苏时所筑的一座府宅园林，因府中藏书万卷，故名"万卷堂"，对门造花圃，号"渔隐"。清乾隆年间（1765年前后），光禄寺少卿宋宗元购万卷堂故址重治别业，筑园其地，有楼、阁、台、亭等，号称十二景，取名"网师小筑"。乾隆末年（1795年），太仓富商瞿远村买下此园，添筑梅花铁石山房、小山丛桂轩、濯缨水阁、蹈和馆、月到风来亭、云冈、竹外一枝轩、集虚斋等建筑，遂成现在布局的基础，仍沿用"网师"旧名。

网师园面积仅8亩多，是一座中型府宅园林，全园可分为三大部分：东部是宅院区，为府第；中部是山水景物区，为主园；西部是内园，即园中园。这一布局，使整座园林外形整齐均衡，内部又因景划区，境界各异。东部由大门阀阅门第、门厅、轿厅、大厅（正厅）"万卷堂"、江南第一门楼——砖细门楼"藻耀高翔"、内厅（女厅）

"撷秀楼"、梯云室组成。中部由铁石山房、琴室、蹈和馆、小山丛桂轩、濯缨水阁、彩霞池、月到风来亭、看松读画轩、竹外一枝轩、集虚斋、小姐楼、五峰书屋、射鸭廊、引静桥（三步桥）组成。西部由露华馆、涵碧泉、冷泉亭、殿春簃组成。园内建筑以造型秀丽，精致小巧见长。池周的亭阁，有小、低、透的特点，内部家具装饰以红木为主，精美多致。中部池周假山、花台，池岸用黄石，其他庭院用湖石，不相混杂，较为合理。植物配置亦少而精，有青枫、桂、白皮松、黑松、紫藤、玉兰等树种，露华馆内植以牡丹、芍药。网师园以它精致的造园手法，深厚的文化底蕴，典雅的园林气息，当之无愧地成为江南中小型古典园林的代表作品，成为"小园极则"，在国内外享有盛誉（图2-33）。

②理水思想　网师园的主水面几乎是一个方形，名为"彩霞池"，是苏州园林小园理水的神来之笔。虽然占地面积不足半亩地，却达到了"一勺江湖万里"的艺术境界，并且也将苏州园林简雅的文人风格表现得淋漓尽致。

彩霞池以聚为美，浩浩荡荡汇成汪洋一片。四周驳岸曲折迂回，水和岸的若即若离，虚实相生中孕育出了池有尽、水无穷的意境。通过池岸的稍事曲折以及建筑的退让，整个水面四周的形象没有流于单调，反而充满了各种变化，而这些变化的元素之间彼此关联，因而显得统一且完整。网师园中小拱桥"引静"，小水闸"待潮"，一主一被，一静一动，闸外是波浪滔天的磅礴之势，桥内是一池汪泉的风平浪静，互相牵制，与小涧相生。拱桥与小涧、小水闸配合得体，可谓这园中理水一大精妙。当游人立于桥头望小涧时，因桥小而不觉涧之小；于小涧望小桥时，又因涧小而同样不觉桥小。山海之势暗藏，这一波分流却是静置，这又是一种立足于天地的共想。

这座宅园合一的府宅园林，保留着旧时世家完整的住宅群，围绕不到半亩的水池，主次分明又富于变化，精巧幽深之至。网师园一个很大的特点就是它的建筑之间互相对望，成山林之趣。除了建筑的环绕排布，网师园对水面的精妙处理还在于驳岸和桥的设计。网师园中两种石材是分开用的，水面周边的一圈石材全部用黄石，别院则用湖石。

2.2 中国传统生态治水理水智慧

2.2.1 北京紫禁城都城规划

2.2.1.1 概述

故宫作为中国古代宫廷建筑之精华，除了建筑精美绝伦，细节设计、防火设计、防震工艺等都体现了古人的匠心匠艺和高超智慧。其中完善的排水系统，不但体现出古代建筑大师的绝妙技艺，而且成为这一宏大建筑群经数百年风雨而安然无恙的一个重要因素。故宫博物院原院长单霁翔表示："紫禁城古代排水设施是故宫世界文化遗产的重要组成部分，应该和故宫古建筑一样得到精心呵护。"古人在排水系统上的巧妙构思与工匠精神造就了许多"城市血脉"，一些排水系统甚至跨越数百年，仍惠泽后世。故宫超过90%的排水系统都是采用原有的古代雨水系统。故宫的排水，综合了各种排水法，既有地上径流"千龙出水"，又有地下暗沟"纵横交错"。这些或大或小、或明或暗、纵横一气的排水设施，能够使宫内90多个院落、72万 m^2 面积的雨水通畅排出。

2.2.1.2 理水智慧

紫禁城南北两端高差约

2m，其排水设施充分运用这一地形特点，将东西方向的支流排水汇集到南北干沟内，利用自然坡降设计营造了纵横交错、主次分明、明暗结合的完整排水系统：明排水通过宫苑、道路的砖石铺地做出泛水，通过各种排水口，吐水嘴排到周边河中；暗排水通过地下排水道将水排入内外金水河，最后汇入护城河。内金水河自西北向东南流经大半个故宫，在故宫东南角流出，汇入护城河，护城河又与北京城水系相连，消化吸纳故宫的雨水（图 2-34）。正是这庞大而精妙的设计，让紫禁城历经了六百年的风雨而安然无恙。正如单霁翔所说："故宫排水系统沉淀着世代传承的工匠精神，在天时地利人和的综合作用下，造就了今天强大的排水防灾功能。"

此外，城内各宫院地面留有庭院水流的落差坡度，院子中间高，四周低，北高南低。南北向御路或甬道断面通常中间略高、两边稍低，为院

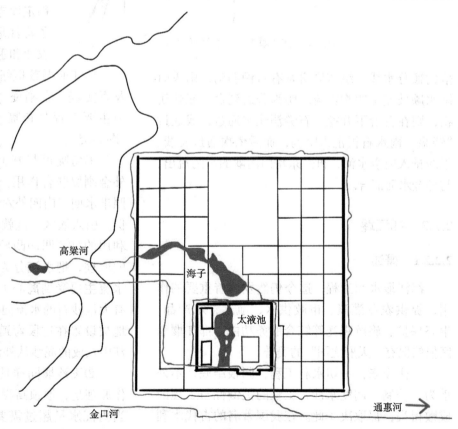

图2-34　北京紫禁城排水系统

[依周维权《中国古典园林史》（第三版）改绘]

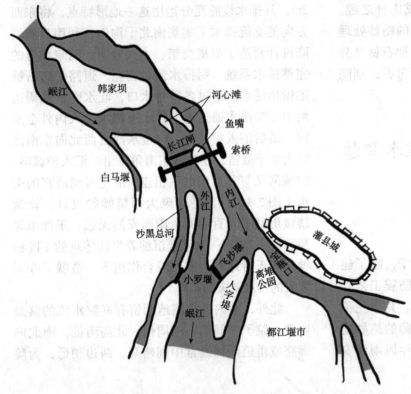

图2-35　都江堰工程平面示意图

落的额分水线。绕四周房基有石槽明沟，雨季时雨水顺坡流至明沟汇流。明沟若遇到台阶或建筑物，则在台阶下开挖一石券洞让水通过，或通过"钱眼"雨水石板汇入暗沟，而后依次通过支线、干线排入内金水河，再经东华门南隅的水闸流出，与外金水河汇合。

2.2.2　都江堰

2.2.2.1　概述

都江堰水利工程，迄今仍然发挥着重要的作用，提供农业灌溉、市政供水、航运、水产品、生态保护、旅游观光等综合服务功能。都江堰灌区依然保有"天府之国"的美誉。

古往今来，一切水利工程，归根结底，不外乎为了控制、调度水沙，工程的关键性与工程的成败得失，都取决于此。在我国著名的古代水利工程中，有相当一部分是因为对泥沙问题的处理不当或失效，使工程最终毁于泥沙的淤积，尤其

是黄河流域的工程更是如此。都江堰工程长盛不衰的重要原因之一，就是它有效地处理了泥沙问题。都江堰工程对泥沙的巧妙处理，是该工程科学性的一个极为重要的体现。

在被称为"天府之国"之前，成都平原受岷江的江水袭扰，旱涝灾害十分频繁。公元前256年，秦国蜀郡太守李冰父子主持修建了都江堰水利系统，包含由鱼嘴、飞沙堰和宝瓶口构成的都江堰渠首工程，以及在天然水系基础上改造修建的穿越都江堰灌区的渠系工程。都江堰从渠首至渠系工程的无坝引水方式，使得整个水利系统运行2200多年依然保持生命力。都江堰水利系统修建后，成都平原腹心地带的水害逐渐得到控制，并有了稳定而丰沛的水源，而渠系工程构成了都江堰灌区水运通道和行洪通道，农业和手工业均得到极大的发展。

都江堰渠首枢纽由鱼嘴、飞沙堰、宝瓶口以及百丈堤、金刚堤、"人"字堤等部分组成，其中主要工程是鱼嘴、飞沙堰和宝瓶口三大部分（图2-35）。

①鱼嘴可与其上游的百丈堤及其下游的内、外金刚堤联合作用，自动将岷江上游的水流，按照丰水期"内四外六"、枯水期"外四内六"的比例，引入灌区。这就是"四六分水"。"二八分沙"利用的是"凹冲凸淤"的原理。依据河流动力学的原理，把水流分为表层水流和底层水流，表层水流主要受到离心力作用，向凹岸流动；底层含有大量沙石的水流向凸岸。"鱼嘴"就是这么巧妙地被设置在这段弯道中间靠上一点点处，使得岷江中八成的泥沙从外江流走。

②飞沙堰同样具有分洪飞沙的效果。它的工作原理是，堰顶高程高于内金刚堤与"人"字堤，当内江水量超过需要时，水便溢入外江；同时，飞沙堰微弯的河道形态，使得水流挟带的泥沙在弯道环流的作用下，从凸岸的飞沙堰顶上翻出，

进入外江，从而保证灌区的防洪安全。

③宝瓶口是都江堰灌区的总取水口，它与鱼嘴、飞沙堰巧妙配合，能自动控制水量稳定，以达到枯水期或枯水年保证成都平原的灌溉用水，丰水期或丰水年不致使灌区水量过多、泛滥成灾的目的。飞沙堰与宝瓶口共同形成了"凹岸引水，凸岸排沙"的布局。排除大部分泥沙的岷江水由此处进入成都平原。

2.2.2.2　理水智慧

在都江堰建设初期，整个系统就考虑了内外江和上下游人类需求的平衡，也考虑了整个成都灌区人类与自然需求的平衡。它的"兼利天下、四六分水"原则，为都江堰灌区人居环境的可持续发展提供了社会基础，体现了人与人之间以及人与自然之间的平衡关系。

都江堰所处的岷江河道由山谷进入平原，突然展开，水缓沙停；这里河道流量大，坡度陡，推移质泥沙多，如果处理不好，就会损坏工程，造成灾害。对此，历代人民在实践中不断探索水沙运动规律，把治水与治沙有机地结合起来，巧妙地解决了泥沙的定点沉积与排除问题。对于都江堰工程的泥沙处理问题，著名学者熊达成先生曾研究总结了八点经验，即：分水分沙、壅水沉沙、泄流排沙、扎水淘沙、束水攻沙、行水输沙、输水均沙、御水堆沙。这些对水沙的辩证施治，是都江堰工程与都江堰灌区历经 2000 余年至今保持良好状态的重要措施。

2.2.3　福寿沟

2.2.3.1　概述

福寿沟，位于江西省赣州市章贡区老城区地下，是赣州古城地下的大规模古代砖石排水管沟系统。江西赣州古城，三面环水，是赣江的发源地，章江、贡水在这里合流而成赣江，一度洪水泛滥之地。

这是一套地下排水系统，也是一个排水的活文物。福寿沟利用地势高差，连通城内坑塘水系

蓄洪，通往城墙处的水窗；以单向水窗阻挡赣江洪水，并在洪水消退时向赣江排涝。福寿沟修建于北宋时期，工程由数度出任都水丞的水利专家刘彝主持，是罕见的成熟、精密的古代城市排水系统，福寿沟根据街道布局和地形特点，采取分区排水的原则，建成了两个排水干道系统，因为两条沟的走向形似篆体的"福""寿"二字，故名"福寿沟"。至今，全长 12.6km 的福寿沟仍承载着赣州旧城区排污排涝功能。

福寿沟是城市排水竖向工程的典型案例，消除城市暴雨内涝的水患，至今仍然运行良好。赣州古城依据城市地形特点、街道布局以及发展趋势，利用竖向设计对城区地表水进行了疏导，建造了福沟和寿沟两个排水系统。寿沟受城北址水，福沟受城南址水，纵横纤曲，条贯井然。福寿沟为矩形断面，断面尺寸大，坡降也大。在科学合理的竖向设计下，福寿沟根据地形地貌随形就势的地表径流机制，以及城内主次分明、排蓄结合的排水网络，用来迅速排泄城市强降水，主沟完成后，又修建了一些支沟将城内原有散落的水塘连通起来，形成城内活水系，雨季蓄调城内径流，在无法及时外排时避免古城内涝的发生。

2.2.3.2　理水智慧

整个排蓄水系统中，"福寿沟"与源头的"水塘"、末端的"城壕"以及城外的"自然河流"前后衔接，由街区到外河，由源头到末端，整合系统：城外城壕与自然水体连通构成大排水系统（图 2-36）；城内利用"龟背"地形进行合理排水分区和道路布局，沿路修建"福寿沟"地下排水系统，构建小排水系统。街区内结合低洼水塘，自然蓄积雨水，成为源头控制系统，共同组成了城市的雨洪控制调蓄系统，体现了古城营建的智慧和经验。临暴雨之际，雨水或自然下渗地下，或汇入城内河渠水塘，或排向环城壕池流入自然江河，这一循环过程古今一辙。赣州"福寿沟"排蓄水系统代表了古代城市防洪御涝、水资源利用的一种朴素自然的城市理水理念与建设模式。

①巧妙结合地形和街道布局　利用天然地形

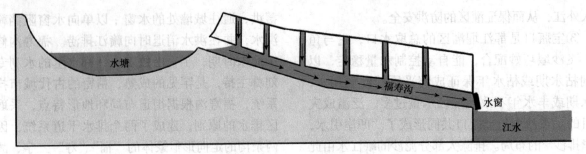

图2-36　福寿沟排水系统示意图

的高低之差，根据街道布局和地形特点，采取分区排水的原则，"寿沟受城北之水，东南之水则由福沟而出"，建成"福""寿"排水干道系统，采用自然流向的办法，利用竖向设计组织排水。

②合理的材质与断面结构　宋代福寿沟为矩形断面，砖石结构，"广二三尺，深五六尺，砌以砖复以石"，在之后的维修过程中，有的沟段改为砖拱结构，但大部分仍保留砖沟墙，条石盖板结构形式。福寿沟的主体下半部分为花岗岩砌石，能够抵御长期的雨水、污水浸泡与腐蚀，部分青砖刻着同心圆或井字，经专家鉴定均为唐代花纹砖，极具考古价值。砖拱结构力学张力均匀，具有强大的抗压与抗震功能，在现存的沟道中，最大的宽1m，深1.6m，最小的宽度、深度各0.6m，与地方志所记载的一致。宽敞且高排水沟形成完善的下水道体系，不仅利于污水、雨水的收集，也利于维修工作，使得排水道历经千年不致淤积和坍塌，保证了福寿沟可以长期正常运行。

③蓄水池塘的调蓄作用　福寿沟的设计有许多独到之处，它与赣州老城内的三池（凤凰池、金鱼池、嘶马池）以及清水塘、荷包塘、花园塘等数十口池塘连通。遇暴雨，它可调节雨水流量，减轻下水道溢流；江水回灌时，这些池塘又成为天然的蓄水池，俨然一个活的水系。

④科学设计的水窗　根据水力学原理，福寿沟在所有出水口处设置水窗，"造水窗十二，视水消长而后闭之，水患顿息"，通过12座水窗，将水分别排入章江、贡江。水窗的原理很简单，当水位低于水窗时，即借下水道水力将水窗冲开排水；当水位高于水窗时，则借江水冲力将水窗自外紧闭，以防倒灌。

作为我国古代城市建设中极为有创造性的城市排涝设施：雨污合流制城市排水系统——福寿沟，至今仍在发挥作用，让人不得不又一次折服于古人的智慧。福寿沟综合集成了城市污水排放、雨水疏导、河湖调剂、池沼串联、渔业养殖、空气湿度调节等功能，池塘淤泥作为有机肥料用来种菜，形成完整的生态循环链，与当今海绵城市建设理念极为相似。福寿沟因势利导、遵循自然的设计理念，为解决城市内涝、水资源利用、水生态修复和水环境改善等方面产生的问题带来诸多启示。

2.2.4　坎儿井

2.2.4.1　概述

坎儿井是干旱地区人们进行农业灌溉的一种特殊水利工程。主要分布在我国新疆及伊朗、阿富汗、叙利亚、巴基斯坦、乌兹别克斯坦、吉尔吉斯斯坦、摩洛哥等地。新疆的坎儿井，主要分布在吐鲁番、哈密、奇台、木垒、库车及和田、阿图什等地。

新疆地区的坎儿井是一种利用地形的坡度和地下水水力坡度的相关关系，通过地下渠道可以自流地将地下水引到地面，进行灌溉和生活用水的无动力汲水工程。坎儿井是新疆各族劳动人民为了发展生产，在与干旱斗争中，挖阴沟、掏泉、扩泉等开发利用地下水的生产实践中不断总结逐步创造出来的。坎儿井引出了地下水，让沙漠变成绿洲，古代称作"井渠"。坎儿井的主要工作原理是人们将春夏季节渗入地下的大量雨水、冰川及积雪融水通过利用山体的自然坡度，引出地表进行灌溉，以满足沙漠地区的生产生活用水需求。坎儿井堪称中国古代最伟大的地下水利工程之一，称为"地下运河""地下长城"，并与长城、京杭大运河合称为我国古代三大工程。

为什么新疆会出现这样特殊的水利工程呢？原来，吐鲁番气候干旱，降雨量极少、蒸发量极大，地表水资源匮乏，无法满足人们的基本生产和生活用水。因此，当地人发现并开始利用当地冰雪融化产生的地下潜流层水资源。在潜流水源充足的地段，开凿了大量的坎儿井。在维语中，坎儿井也称为井穴。坎儿井根据不同的地形、水源条件整体长度差异较大，长可达 20km，短仅有 100m。如位于吐鲁番市郊的吐尔坎儿孜，它是最古老的坎儿井，全长 3.5km，每日可浇灌 20 亩地。

2.2.4.2　理水智慧

坎儿井主要是利用地形的坡度和地下水水力坡度的相关关系，通过地下渠道可以自流地将地下水引到地面，进行灌溉和生活用水的无动力汲水工程。坎儿井系统由竖井、暗渠、明渠、蓄水池四部分组成：

①竖井是开挖暗渠时，供工匠定位、上下、出土和通风的部分，也是用来检查维修坎儿井的设施。竖井与暗渠直接连通，便于通风、定向。上下游的竖井深浅不一，上游可达 20~70m，自上游至下游逐渐变浅，直至流出地面。

②暗渠是坎儿井的主体，决定水量大小。暗渠的首部为集水段，集水段以下的暗渠为输水部分，一般在潜水位上干土层内开挖。暗渠的长度，一般 3~5km，最长的超过 10km。暗渠的出口，称为内龙口，龙口以下接明渠。

③明渠是暗渠出水口至农田之间的水渠。明渠连接暗渠，将水源输入涝坝。明渠与暗渠交接处建有"涝坝"。涝坝为蓄水池，主要用于合理调配坎儿井的水，调蓄水量，调整温差，使其充分用于农业灌概和生活需求。

④坎儿井常年流水，水质清澈，是当地聚落生产、生活的主要水源，因而当地居民人口分布与坎儿井的地理分布密不可分。坎儿井不仅能形成一个独特的生态系统，而且还具有较高的环境资源利用率。上游段下渗的水量，往往又成为下游的补给水源。由于地层的过滤作用，储水量相当稳定，水质非常清澈，可利用率很高。因此，坎儿井的开发和利用，对当地水生态环境的保护有着重要的实践意义。

2.2.5　陂塘

2.2.5.1　概述

陂塘是除水库、湖泊等大型水体之外的具有半自然和人工属性的小型水体，确切地说是人工截蓄自然径流而形成的小型水体。陂塘景观的主要构成要素有陂塘、农田、林地、水渠和道路等。其中陂塘的面积较小，数量较多，形状不规则，分布较为分散，但与农田联系紧密。在农田水利研究当中，"陂"通常指利用地形汇集周边来水，就近蓄集径流的人工储水工程。"塘"，通常指堤坝或者由堤坝发育而形成的水路，有阻滞、引导水流的功能。"陂"和"塘"分别指的是蓄水的单元和拦水导水单元，合称为陂塘系统，它的主要目标是调节区域的天然径流，其基本构造通常包括堤坝（即拦水导水单元）、陂湖（即蓄水单元）、闸涵、溢流渠道。其中，集水而成的陂湖与输水塘渠相配合成为具有拦水、蓄水和输水功能的工程系统，满足小流域用水需求和水量调节的需要，农田水里中称为陂塘水利系统。

陂塘的产生与地势有很大的关系，在平原地带，一般都将大湖作为农田灌溉和生活用水的水源，但是在丘陵地区，修筑大湖的成本巨大，并且没有充足的水源供给，因此，古代先民，结合一定的丘陵地势特点，引注山间溪流，注入低洼地势，并结合一定的储水拦水设施，作为局部的农业、生产用水。陂塘系统能够在较小投入的情况下，满足农业、生产、生活的需要，并且能够在雨季收纳山间洪流，在旱季供生产所用，陂塘系统对于农业生产、民生兴荣具有重要的意义。

以我国重庆地区为例，丘陵山区的陂塘景观中，陂塘多位于陂塘—稻田系统的上、中、下部，与主要河道不相连或通过冲沟与主要河道相连接；林地环绕在聚落周边，聚落多位于陂塘—稻田景观的上部。道路多沿陂塘—稻田系统的一侧边缘分布，或通过陂塘的堤坝从系统中间穿过。陂塘是重庆市农业灌溉系统的重要组成部分，春秋时期就作为我国古老的蓄水工程而存在。陂塘一般是拦截溪流或就地凿池储蓄雨水而形成，一般将容量大于 10 万 m^3 的塘定义为水库（小二型水库），面积小于水库的称为家塘。陂塘是我国古代人居营建史中重要的水利梳理方式，是具有特定功能、营建方式与结构范式的多单元系统。陂塘系统能够很好地顺应自然地势，起到重要的防洪抗旱、蓄水灌溉与储水济运的作用。

2.2.5.2 理水智慧

陂塘景观具有雨洪滞蓄、旱涝调节、水质净化及生物多样性保护等重要的生态功能。具体来说，陂塘增加了流域中水陆交错区的面积及干湿界面的比例，改变了流域尺度上的水文过程。陂塘与沟渠、农田和河流共同构成的小型蓄水系统通过截留地表径流、减缓峰值径流、增加蒸发和地下水回补，起到调节雨洪的功能。

陂塘景观对水质的净化作用主要通过两方面来实现：一是通过蓄滞雨水减少地表径流量、延缓径流流速，减少径流输出量，从而减少进入地表水体中营养盐的量；二是通过农田—沟渠—陂塘系统中物理、化学与生物作用，如过滤、吸附、沉淀、植物吸收、微生物降解等，高效分解与净化污染物。

由于不同地区所处的发展阶段不同，陂塘景观的特征、演变过程及背后的驱动原因也不相同。不同地区不同时期的陂塘景观多是为了满足当时当地人们的不同需求而产生，反映了陂塘景观在社会、经济、生态功能上的多样性。从传统农业化到生态觉醒下的稳定城市化的不同历史发展阶段来看，随着产业需求、土地利用的变化以及新型灌溉技术及排水设施的应用，陂塘景观经历了从最初的传统农业景观、农业产业化及国土城镇化景观再到生态觉醒下的多功能生态景观的变化。这种变化一方面是由于景观的基质即周边土地利

用的变化，景观基质的变化促进了陂塘功能的转变，使其不再局限于蓄水、灌溉、发电等小型水库的功能；另一方面，伴随不断加剧的城市雨洪及生物多样性丧失等生态问题及人们对景观休闲功能需求的增长，陂塘景观在水文调蓄、生物多样性保护及提供休闲游憩机会等多方面的生态系统服务潜力逐渐受到重视，开始向自然与人文特性兼具的多功能景观发展。

传统陂塘系统的生态服务效用还为当代城市雨洪景观设计提供借鉴，例如，贵州六盘水明湖湿地公园，通过建造梯田湿地和陂塘系统，减缓来自山坡的水流，以削减洪峰流量，调节季节性雨水。通过河流将现存的溪流、坑塘、湿地和低洼地串联，形成一系列蓄水池和不同承载力的净化湿地，从而构建起一个完整的雨水管理和生态净化系统，成为城市的绿色海绵。

2.2.6 塘浦圩田

2.2.6.1 概述

太湖流域平原河网地区星罗棋布的塘浦圩田，形成的历史背景源于太湖平原独特的水系特点：太湖地区沼泽满布，且中部低洼四周高起，形成一个以太湖为中心的碟形洼地，拥有水高田低的独特地势。该片区地势低洼，集水量大，且地下水位高，雨季极易内涝，汛期水患严重，因此迫切需要相应的水利排灌设施，于是，塘浦圩田体系应运而生。它将浚河、筑堤、建闸等水利工程措施统一于农业耕作中，将自然河道与人工河道紧密联系在一起，体现了治水与治田的有机结合，它的历史意义体现在两个方面：一是展现了太湖流域传统治水技术；二是催生了"鱼米之乡"和"吴越文化"。塘浦圩田发展到今天，逐渐演变出了更能适应现代农业和可持续发展的桑基鱼塘等高效益农业生产经营模式。

塘浦圩田综合考虑地形地势的影响，根据水网及滩涂洼地情况进行相应的规划布局，针对太湖周边高地和腹内洼地不同，按照不同的工程措施，实现高田和低田分治。治低田主要通过拓宽

塘浦，筑高堤岸来达到防洪防涝的目的。这样一方面可以排除积水；另一方面取土筑堤，依靠堤岸抵御急湍之流。治高田则通过深浚塘浦，储蓄雨水，这样做是为了引水灌溉圩田。在高田区与低田区交界处设置闸口控制地面径流，雨季控制高地的径流，防止高田雨水漫流至低田，以缓解低田区的洪涝压力。旱季高田则依赖存储的雨水进行灌溉。

"塘"和"浦"是圩内横贯东西和纵穿南北的排灌沟渠。每当雨季来临，由纵浦担负起宣泄雨水的功能，遇到天旱，便可引水灌溉。而横塘的作用则是储蓄积水，通过斗门涵闸控制灌溉，调节水量，发挥河网水系的调蓄、行洪功能。

古代先民依托太湖周边湖漾滩涂众多的地理条件，在太湖沿岸开挖塘浦，用挖出的土构筑堤岸，兼有防御外水和农田灌溉的作用。堤内的滩涂淤地自然发展成农田，圩内通过坑塘湖漾层层调蓄防洪防涝，横塘纵浦和各斗门控制引水灌溉，除此之外，沿湖还有一定数量的骨干河道可以用于宣泄主流洪峰，各溇港渎浦之间由规模不一的横塘相连，便于水量调度、水系互通，这些纵横交错的灌排渠系和堤岸有利于圩内分级控制。

2.2.6.2 理水智慧

塘浦圩田体系在雨水管理方面所展现的智慧与经验，无一不表现出对雨水资源的科学化管理以及对生态环境的敬重。

首先，构建了层级分明的水网系统。太湖流域先民依托太湖周边湖漾滩涂众多的地理条件，开挖土方、竹木围篱，堤内的滩涂淤地自然发展成农田，圩内通过坑塘湖漾层层调蓄防洪防涝，横塘纵浦和各斗门控制引水灌溉。使其具有防御外水和农田灌溉的作用。最终，太湖沿岸河湖滩地的水流被整理成层级分明、相互联通的二级水网和三级水网，即圩田之间的人工河道和圩田内部的灌溉河渠。便于水量调度、水系互通，也有利于圩内分级控制。

其次，形成了功能显著的蓄排系统。"塘"和"浦"是圩内横贯东西和纵穿南北的排灌沟渠。纵浦担负着雨季宣泄雨水，天旱引水灌溉的功能。横塘的作用则是储蓄积水，通过斗门涵闸控制灌溉，调节水量，发挥河网水系的调蓄、行洪功能。

在此基础上，衍生出了数个行之有效的治水思想：

①闸口控制水位平衡 闸是一项十分重要的水利设施，入湖口的闸口，用于调节河道横塘与太湖间的水位。汛期，关上闸门，太湖高水就无法侵入圩田；旱时，引太湖水浇灌良田，闸口起着防、引、蓄、排、挡、运等综合功能。

②入湖口朝向设计 由于西北季风的影响，太湖周边苏州、湖州等地极易出现泥沙淤积现象。为应对这一现象，每条溇港入湖口的水闸都整齐地朝向东北，可以避免西北风带来的泥沙会直接堵塞溇港，入湖口转向东北，西北风带来的泥沙，只能沉积在溇港口岸的边上，不会对溇港造成正面的堵塞，水流可以轻易把泥沙冲走。

③"束水攻沙"的治水巧思 利用跨度不大，连续的四座拱桥，南宽北窄的桥洞，把临近入湖口的河道突然变小，汛期涝水经过四座拱桥的时候，桥墩把由南往北的水流逼向了河道中央，入湖口淤积的泥沙被蓄势加速的水流冲向了太湖，而到了旱期，由北往南的水流回到河道，又可以滋养圩田。

总的来说，塘浦圩田水利工程，将治理太湖、防涝、灌溉等多种功能整合，综合解决了防洪防灾和水资源利用等问题，千百年来滋养世代太湖人民，至今仍具有生命力，其中蕴含的生态理水智慧值得我们学习和借鉴。塘浦圩田体系具有蓄滞雨洪和农业灌溉两大功能，圩田系统顺应水的自然特性，蕴含的"蓄滞、调控以及科学用水"指导思想与海绵城市的建设理念不谋而合，且能够充分利用山水格局与河道弯道旋流的水流规律，顺应水的自然特性，既从生态角度保留河流湖漾自身特色，又对太湖整个流域的原始生态不造成任何破坏，这对当前海绵城市建设中水生态格局的保护与修复有极大的借鉴意义。

2.2.7　垛田

2.2.7.1　概述

以江苏省兴化市为代表的我国和世界重要农业文化遗产——垛田,是里下河地区特有的一种土地利用方式。人们在地势低洼的湖沼地带,通过挖泥堆垛,形成垛田。垛田地势较高,排水良好,土壤肥沃疏松,适宜各种旱作物,尤其适合生产瓜果蔬菜。

兴化由于地处黄、淮、里运河来水的下游地区,承接的水量巨大,且地势东高西低,故境内排水不畅,历史上时常受水淹。因此,当地人的可居空间和水体博弈的过程体现了一种动态发展关系。历史时期,里下河地区的水文地理环境经历了从汪洋海湾—古潟湖—湖泊群—湖荡沼泽—水网平原的演变,是黄淮水灾、人工水利、社会政策共同作用下的结果。到了明中叶至清前期,洪水消退后,当地人不断适应并改造低洼地区,梳理积水滩地,开渠排水,挖沟堆垛,逐渐形成条状的高畦旱地,人们种植蔬菜并产生村落。至清代,兴化地区在大规模的人口迁入和生态环境变迁的背景下,农田水利不断完善,最终形成里下河平原腹地的垛田乡土景观。

垛田四面环水,畦面高于水面1~4m,内部田畦间以沟洫相隔,一般沟深20~30cm,沟沟相通,与河渠相连,方向因地形而异,以便于排水为原则,具有垛—渠—沟洫的独特景观肌理。传统垛田农业湿地系统是将农业、林业、渔业相结合,在独具特色的沼泽洼地中巧妙利用垛形土地的湿地生态农业系统,并且已有上千年的造田耕作历史。新中国成立后,垛田油菜种植得到了极大的发展,更是形成了"千垛菜花"的秀丽风景。

2.2.7.2　理水智慧

兴化垛田农业湿地系统具有两个核心特征:

①湖荡水网格局　随着水利的完善河网日益细化,水系得到分级控制:湖荡—外河—(水闸)—内河—池塘—沟渠—(水闸)—农田,是

古往今来低洼地治水智慧的结晶。

②垛田—聚落系统　在水环境的孕育下,兴化地区乡村聚落大而稀、小而散并存。其中岛状团簇型及其衍生类型是村落的主要形态,形成聚落—农田—水利三合一的垛田聚落系统。

垛田是人对变化的水环境适应的结果,垛田一方面可以为居民提供安全农业生产环境;另一方面主要起到防洪作用。垛田的产生主要是为了应对频发的洪水,一到汛期,来自周边的河湖水迅速向里下河低洼地势处汇集,形成"诸水投塘"之势,当地居民,为了应对周期性的洪水,保护农作物、住宅和设施,而形成的有区域特色的农业生产方式。垛田堆积的通常做法是在较浅的湖荡河沟间罱泥,一年几次往垛上浇泥浆、堆泥渣,如此反复劳作,垛便以每年几厘米的速度逐渐升高,形成垛田(图2-37)。兴化垛田在自然环境变迁过程中,展现出了强烈的水适应特性,不仅包括地形地貌,也包括当地的耕作技艺以及传统的农耕生活方式,是认识人类可居住空间与水体博弈过程的珍贵标本。

2.2.8　农业生态基塘

2.2.8.1　概述

基塘系统主要由两部分组成:池塘系统和陆地系统,一般在陆地上种植植物,池塘中养育,基面上的农作物,可以为鱼塘中的鱼类提供一定的饲料,而鱼塘的塘泥挖筑肥田,为农作物的生长提供一定的能量,从而形成了一种相对封闭的生态系统,基塘系统的层次多,食物链复杂,因此系统的稳定性和生产力高。

2.2.8.2　理水智慧

基塘系统具有显著的生态合理性,星罗棋布的基塘系统,是区域生态系统能量物质的主要储存库,具有蓄洪防涝、调节小气候、沉淀和消解部分污染物特别是部分有机物质的生态功能,是区域生态系统的主要生态景观和生态平衡均衡器,

图2-37　垛田实景图

对维持生物多样性也有重要作用。合理的基塘系统更是一种结构和谐、功能高效的生态农业模式，主要表现如下。

①物质循环具有较强的封闭性，除产品输出外，其余部分营养物质基本回流到系统中参加再循环，很少丢失；

②鱼塘是比较节约能源的生态系统，这是由于浮游藻类植物光合效率较高，而且鱼类是凉血动物，呼吸消耗少，能量转化率高；

③农牧渔结合的基塘系统营养结构复杂而且协调，加之水域环境稳定，因而系统稳定性强；

④低塘高基，降低了地下水位，为塘基经济作物的种植和稻田水旱轮作提供了条件；

⑤具有显著的水陆边界效应。

因此在传统农工业和现代生态农业建设中，基塘系统备受群众欢迎和采用，是最常用的生态模式之一。这不仅是低洼河网地区生态农业的主导模式，而且在村落庭院周围和山区也存在规模不一的鱼—畜—果（菜）基塘系统。

基塘模式集种植业、畜牧业、渔业为一体，实现了能量流动的良性循环，具有环境影响小，经济效益好，系统稳定性强的突出特点，为我国的农业和经济发展做出了巨大的贡献，是相当成熟的可持续发展农业生态工程模式。

2.2.9　哈尼梯田

2.2.9.1　概述

哈尼梯田是人类农耕文明中的奇迹，其构建在一个十分独特的自然环境中，在哈尼人和其他民族尚未到达此地挖筑梯田时，它已然存在了最为适宜梯田稻作的天然条件。这种独特的农作方式，是人与自然共同作用的结果。

2.2.9.2　理水智慧

哈尼梯田的林—宅—田—河的空间结构形成了系统内独特的能量和物质流动，以水、土、肥和微生物的流动为主，从系统的顶部——森林生态子系统开始，经过村寨后被加强，最后流入梯田生态子系统，并在梯田子系统中被层层重复利用后，流出系统，随河流走。系统最基本的能量来源于太阳能，通过森林生态子系统和梯田生态子系统内的绿色植物转化，形成可供人及家畜和野生动物利用的有机物质和能量。完整的系统以及多样的能量流动方式促进了区域内系统的稳定状态，并持续不断地向外输出物质和能量。梯田在整个系统中能够发挥三个功能：

①保持水土，天然降水落到地面，形成地表径流（部分下渗），地表径流沿坡面流经森林、村

寨和梯田。由于森林的截留，加之梯田修成水平面，并有一高出水平面的田埂，从而使地表径流及其携带的泥沙在梯田中逐级沉淀，因而具有水土保持的功能。

②形成自净系统，林—寨—田在不同海拔高度上的错落分布，一方面方便了哈尼人的生活；另一方面又可把哈尼人生产生活所产生的生活污水、垃圾粪便截留在梯田之中，不仅使梯田肥力增加，提高地力，还减少了人对环境造成的污染，形成一个自净系统。村寨是人类活动对自然环境改变和影响最为强烈的地方，加上牛、马、猪、鸡等畜禽的践踏和破坏，使村寨子系统对自然环境的影响加剧。而梯田位于村寨的下方，可自然地截留和保持水土。

③获得清洁的水源，保障村寨安全，天然降水经森林截留和储存后，以溪流或山泉的形式流入村寨，成为村寨清洁的生活用水。村寨在梯田之上，还有利于村寨的安全。红河南岸地区降水丰富，河谷地带流水速度极快，泥沙含量大，居住沟谷易受山洪暴发影响，尤其是当梯田田埂经受不住山洪的压力时，会出现大量倒塌的危险，极易毁坏村庄，从而造成更大的水土流失和经济损失。

复习思考题

1. 请试着归纳总结中国传统造园的生态理水思想及其内涵。

2. 总结归纳分析中国古典园林的理水手法。

3. 结合具体案例，总结分析中国古代城建的生态理水智慧及其现实价值。

4. 结合具体案例，总结分析中国古代水利工程的生态智慧及其现实价值。

5. 结合具体案例，总结分析中国古代生态农业治水理水模式的生态智慧及其现实价值。

推荐阅读书目

1. 说园. 陈从周. 同济大学出版社，2007.

2. 中国古典园林史（第三版）. 周维权. 清华大学出版社，2008.

3. 中国古典园林分析. 彭一刚. 中国建筑工业出版社，1986.

4. 园林理水艺术. 朱钧珍. 中国林业出版社，1998.

第3章
现代雨洪管理

3.1 雨洪管理概述

3.1.1 雨洪管理的时代背景

3.1.1.1 全球气候变化与城市化

联合国环境规划署在 2019 年发布的第六期《全球环境展望》(GEO6) 中明确指出，受到人类活动和自然因素的共同影响，全球大部分地区发生极端降水和洪水等灾难性事件的频率和强度正持续增加，并可能造成严重的生态系统破坏、经济财产损失和身心健康损害。因此，包括中国在内的世界各国正积极探索如何完善有关政策，进而将雨洪资源纳入可持续管理的框架之中。

首先，从气候变化和城市化对城市雨洪管理的影响来看，气候变化是造成雨水涝灾的内驱因素，全球性的气候变化导致数量更多、强度更大的雨洪灾害。最近几年，全球极端降雨事件接连发生，尤其是高强度的短时降雨甚是频繁，高频率极端降雨大大增加了洪涝灾害风险。

其次，城市化是经济社会发展的必然趋势，也是现代化的重要标志。在城市扩张性蔓延的同时，人口膨胀、产业集中，高强度的土地开发活动强烈干扰着城市原有的自然生态系统，打破了城市发展与自然生态进程的均衡态势，引发了一系列城市雨洪管理问题与水危机，集中表现为：内涝频发、河流水质和生态功能退化以及水资源严重短缺。失序的城市蔓延使城市建设向具有较

高雨洪灾害风险的洪水平原上扩展，城市用于蓄滞洪水的绿地被侵蚀，"人水争地"使城市地区水域面积缩小，增加了城市地区雨洪灾害受灾面积和受到雨洪灾害威胁的概率。过往城市化发展的重点在于提升经济发展，生态系统集成开发和环境维稳被搁置，城市基础设施建设速度跟不上城市化发展步伐。在如今的城市化进程中，城市不透水表面面积大量增加，湖泊、湿地等生态系统面积正在持续减少，城市中保障水弹性的天然水系屡遭破坏。城市化带来的经济增长是不容否认的，但在雨洪生态管理方面，特别是城市的雨水吸收、储存、渗透、净化能力就显得捉襟见肘，这便进一步提高了洪涝发生概率。

最后，由于部分原有城市防洪基础设施建设年代较早、施工质量差，老化受损，年久失修，不适应现状雨洪的变化，导致雨洪灾害对城市地区的威胁增加。城市管网的不完善是导致内涝的重要原因，城市开发总是从中心区向周边辐射，城市规划部门也难以完全预料城市发展的最终程度，在管道建设初期，周边区域没有完全规划好，导致排水系统的建设无法一步到位。后来，随着新开发区域逐渐成为城市中心区，前期建造的排水管网显然不能满足急剧膨胀的排水需求。因此城市前期整体规划必须对城市水系有较全面的调查，对城市未来发展走势有较准确的预测，从而达到合理布设排水管网的目的。当前城市排水系统建设显然没有满足人口日益增长的城市发展需求，城市虽在扩张，但排水系统却迟迟未更新，导致城市雨水管理水平下降，原有排水管网设计

标准不再适用，若是出现极端降雨，现有排水系统必定难堪重负。

3.1.1.2 城市面临的雨洪危机

当前，城市面临的雨洪危机突出，各类问题相互交织，制约了城市的可持续发展，是许多国家城市亟待解决的共性问题。城市水问题产生原因涉及诸多环节，从系统论的角度讲，单个环节都不足以直接导致城市雨洪危机的发生；从不同城市的环境承载力来看，每个城市的水文地质、排水模式、城市排水系统规模、降雨量等基础情况也各有不同。

（1）水安全

从水安全看，城市地表径流大幅升高，增加了城市排涝系统的负担，暴雨引起的内涝问题日益突出，严重影响了人们的出行安全和正常生活秩序的运转；另外，城市建设向具有较高雨洪灾害风险的洪水平原上扩展，城市用于蓄滞洪水的绿地被侵蚀，"人水争地"使城市化地区水域面积缩小，增加了雨洪灾害受灾面积和城市地区受到雨洪灾害威胁的概率。

以我国为例，一方面是由于我国地理位置与季风气候决定了暴雨、洪涝、干旱等灾害集中在夏季，占全年的60%~80%，导致每年夏季暴雨洪水频发、洪峰洪量加大，成为内涝多发时期；另一方面，随着快速城市化进程，雨水集水面积增大、雨水管网系统荷载增加，城市硬化面积（如屋面、铺砌路面等）增加、雨水下渗减少，汇水径流系数增加，同时缺乏相应的雨水调蓄设施，导致单位时间内排入雨水系统的雨水量增加且无法迅速排入雨水集水口，形成城市内涝。据统计，2015年前三季度，我国共发生41次暴雨天气，320条河流出现超警洪水，15条中小河流的洪水量超过历史记录，上海、南京、合肥和深圳等城市相继发生内涝，6540.5万人因此受灾、631人死亡或者失踪、232.6万人被紧急安置；2018年7月，随着几场特大强降雨席卷我国部分地区，持续的极端天气让多个城市出现内涝灾害，许多城市相继开启"看海"模式，强降雨致使城区内多处

严重积水，造成部分路段交通瘫痪。2019年湖南7·6暴雨洪涝灾害，造成11个市（州）81个县（市、区）302万余人受灾，直接经济损失55.9亿元。

（2）水环境

从水环境看，人为活动使得城市淡水湖泊不同程度遭受水质污染、面源污染加剧以及水系自净化系统的破坏，城市水体富营养化问题突出，河道干涸、堵塞、污水横流现象严重；城市地下水的过度开采利用以及无意识的污染排放导致地下水质不断恶化。

随着经济社会的快速发展，城市化进程加快，加重了局部地区的生态环境负荷，城市水质恶化等生态环境问题日益突出。由于降雨冲刷城市地表，携带地表沉积物中的大量污染物质，雨水径流污染没有得到足够的沉淀或进行去除杂质的处理，被直接排入江河，在流经过程携带和产生的大量污染流入水体，对城市周边的受纳水体造成污染，形成城市面源污染，由面源污染引起的水环境问题已经严重制约城市经济和社会的可持续发展，有相当比例的湖泊和河道处于富营养化水平和劣 V 类甚至黑臭状况。城市地区土地利用/土地覆被（land use/land cover, LU/LC）的强烈变化，还深刻影响着地表水和地下水的相互转化过程，硬化地表阻断了雨水的自然渗透及补给地下水的有效通道。由于地表水遭受越来越严重的污染，面对日益增多的工业、生活用水需求，人类转而对地下水无节制地进行开采。渗透量的减少与地下水的过度开采，使得城市地下水位不断下降，导致了诸如"地下漏斗"等的一系列环境负效应。

（3）水生态

从水生态看，快速城市建设在应对雨洪问题上能力体现却明显不足，发展模式使城市管理和承载空间压力增大，水文循环的改变使得排水路径改变，传统的雨洪管理以"快排"为主要思想，原有能够涵养水源的自然地面被不透水面代替，改变了天然的排水方式和格局，天然状态下的水文机制发生了变化；由于缩河造地，盲目围垦湖泊、湿地和河漫滩等行为，水域数量及面积急剧

下降，河道行洪、蓄洪能力下降，湿地植被及分布格局发生变化，江（河）湖阻隔日趋严重，水系日益破碎，湖泊湿地萎缩、消失，湖泊水体自净能力下降，生物多样性衰退。一部分河道断流、湖泊干涸、湿地萎缩、水土流失和荒漠化等现象，造成了城市旱涝并存的现象。一般来说，在自然植被条件下，总降雨量的 40% 会通过蒸腾、蒸发作用进入大气，50% 将下渗成为土水和地下水，10% 会形成地表径流。而城市的建设，打破了这种雨水分布格局：地表径流从原来自然水文状态的 10% 增至 50% 或更多，下渗则会从 50% 减至 10% 或更少。一旦遇强降雨，极易造成洪水和内涝灾害。

（4）水资源

由于地表水遭受越来越严重的污染，面对日益增多的工业、生活用水需求，人类转而对地下水无节制地开采。此外，在此前城市发展建设进程中，雨水资源利用意识相对薄弱，对天然雨水资源的利用率较低，大量雨水资源被直接排走，白白浪费，与全球水资源紧缺形成突出的矛盾面。水资源供需压力下，生产及生活用水循环利用程度过低，浪费现象比比皆是，给水资源供应造成了巨大压力。以我国为例，我国约占世界人口 20%，但淡水资源仅占全世界约 8%，人均淡水资源仅占世界人均水平的约 1/4，而且 75% 的淡水资源已经受到不同程度的污染。据有关部门统计，中国有 2/3 的城市缺水，每年平均缺水量约 500 亿 m^3。整个华北平原的地下水位在不断下降，北京地下水下降的速度达到每年平均 1m 左右。我国水资源总体上呈"南多北少"的分布状态，北方城市多为"资源型缺水"，而南方城市则存在"水质性缺水"情况。

（5）水景观

盲目的城建开发往往忽视城市景观视线、摒弃水域空间景观赖以发展的条件，不仅导致众多城市"千城一面"，丧失城市景观特色，而且使水域景观趋同化现象较严重，破坏传统水域空间城市风貌，其原因在于水系景观建设忽略城市地域特点、缺乏个性化特征和文化底蕴。不同城市水域景观空间因其自然地貌差异、文化底蕴、功能有所不同，水域的形态和面貌也存在不同，盲目参照其他城市水域景观建设模式是当前建设的主要问题。

除此以外，水系规划也未能全面理解水系与城市景观系统关系、梳理水系景观与现代城市开敞空间存在的因果关系，致使很多极具生态价值、历史文化价值的滨水区空间被工业用地、生产用地等占据，使城市河流的自然属性与人文属性被掩盖，未能充分体现其景观价值。

（6）水文化

水文化是人们在从事水事活动中创造的物质财富的能力和成果的总和，是民族文化中以水为轴的文化集合体。水文化的本质是人与水的关系。这种关系表现为人们从事水事活动。人是水文化的主体，水是水文化的客体，一是人类对水的伟大实践，包括人类饮水、用水、治水、管水、节水、护水、观赏水、表现水等重要的事件活动，即水事活动；二是水对人类的伟大贡献，包括水对人的生命健康和生产方式的重要联系和伟大贡献。正是这两方面的关系形成了丰富多彩、博大精深的水文化。水文化的本质是水事活动，人是水文化的主体，只有人们在水事活动中，才能创造出有水个性的文化，水事活动是人类社会实践的重要内容，包含物质形态和精神形态两大类活动。正是这些水事活动成为水文化形成和发展的基础。

以我国为例，我国地域广阔，不同地域有各自的水文化，对于水文化的保护方面各地采取的措施，以及行动力度各不相同，当前保留较好的有西南地区的水文化节、东北地区的冰雪文化节、东南地区的水街和水乡等。但是，当前发掘出的水文化仍占少数，众多的水文化面临传承以及保护的问题。水文化作为人类适应环境而改变生产生活方式以及精神世界的所形成的智慧，当前面临巨大的遗产保护与传承压力。

3.1.2　生态雨洪管理的产生

雨水在城市的各个角落以面源的方式生成地

表径流，因此十分适宜以分散的方式在城市中建造生态景观，实现多重积极效应，如净化城市雨水，保护并增强自然受纳水体环境的生态完整性，把雨水作为城市替代水源的管理模式且有助于减轻城市的热岛效应。水敏型生态景观的其他生态系统服务功能包括减少城市内涝形成城市内的生态多样性走廊，固碳并洁净空气。不仅如此，一个更佳的都市绿色植被景观和更为清洁的都市河道还将潜移默化地增强公众的心理健康并带来积极的经济效益。

生态雨洪管理注重遵循维持自然生态水文循环过程的理念，保障城市开发前后对城市自然水文的最小干扰，通过绿色基础设施建设技术与措施的有机结合，能够极大地减轻城市防洪排涝的压力，有效减少城市洪涝灾害发生频率和损失，维护城市居民安定的生活环境。水文特征的转变可以通过对源头削减、过程控制和末端处理来实现。具体表现为：径流量总量和峰值流量保持不变，在渗透、调节、储存等诸方面的作用下，径流峰值的出现时间也可以基本保持不变。传统的市政模式认为，雨水排得越多、越快、越通畅越好，这种"快排式"的传统模式没有考虑水的循环利用。生态雨洪管理强调把雨水的渗透、滞留、集蓄、净化、循环使用和排水密切结合，统筹考虑内涝防治、径流污染控制、雨水资源化利用和水生态修复等多个目标。通过建立一整套合乎经济、社会和环境效益的理念与方法、工程和技术、政策法规和管理机制等，解决雨洪问题和改善生态环境，将城市建成"水城和谐的亲水型城市"。

2015年10月国务院办公厅颁布了《关于推进海绵城市建设的指导意见》，意见中指出："充分发挥建筑、道路和绿地、水系等生态系统对雨水的吸纳、蓄渗和缓释作用，有效控制雨水径流，实现自然积存、自然渗透、自然净化的城市发展方式。"生态雨水景观作为海绵城市建设中的一部分，对完善城市雨水吸收、储存、净化和下渗的目标具有很好的支撑作用。

3.1.3　风景园林与雨洪管理的耦合

3.1.3.1　风景园林场地与雨洪管理

雨洪管理与风景园林设计的关系主要是通过土地、水、环境等要素紧密地联系在一起，或者说，在许多情况下和某种程度上雨洪控制与利用的科学性和合理方案必须依赖设计师与其他相关专业工程师共同协作来实现。通过研究其他发达国家的可持续雨洪管理经验，我们提出风景园林专业可以在城市雨洪管理规划与建设中找到更好的着力点，基于多学科技术支持探索风景园林的设计策略，更好地实现多元功能，促进生态雨洪发展。对风景园林学科来说，其所具有的自然和空间要素使之先天就是生态雨洪管理的必然构成。中国海绵城市设计导则中明确指出，城市建设应该统筹协调"城市规划、排水、园林、道路交通、建筑、水文等专业，共同落实低影响开发控制目标"。城市园林绿地系统是生态雨洪管理的重要物质空间构成，必然是其整个系统的共同构建者。

城市绿地是海绵城市建设的重要载体和有效途径，二者的结合已成为必然趋势。城市绿地是城市自然生态用地的最主要组成之一，是城市的重要生命支持系统和基础生态空间，对雨水具有吸纳、蓄渗、涵养、缓释以及水质净化、污染物削减等方面的生态服务功能，是城市中最重要的潜在绿色雨水基础设施（"海绵体"）。绿地"海绵体"是城市绿地中发挥雨洪管理调控功能的那部分绿地组分（子系统），它们是城市绿色雨水基础设施的重要组成部分。将海绵城市生态雨洪管理与城市绿地相互耦合，充分发挥绿地"海绵体"在雨洪管理方面的生态系统服务价值，以城市绿地"海绵体"系统为主要载体构建海绵城市体系，为海绵城市建设提供了一条近自然、低成本的绿色生态景观途径。对于保证城市建设与自然水文平衡发展，有效提升人居生态环境建设的水平与品质，实现"精明保护"与"精明增长"，让城市"弹性适应"环境变化与自然灾害具有战略意义。

（1）减少城市开发对原有生态环境的破坏

海绵城市建设是落实生态文明建设的重要举措。通过海绵城市建设，保护城市原有的河流、湖泊、湿地、坑塘、沟渠等生态敏感区，结合绿色建筑、低影响开发建设（LID）以及绿色基础设施建设（GI），充分利用自然地形地貌，调节雨水径流，充分利用天然植被、土壤、微生物净化水质，最大限度地减少城市开发建设行为对原有生态环境造成的破坏。

（2）缓解和治理城市内涝

通过海绵绿地建设有效调控降雨地表径流，削减降雨径流总量和降雨峰值流量，减轻城市排水压力，缓解和治理城市内涝问题。采用低影响开发模式进行雨洪的源头分散控制，尽可能将径流减排问题在源头解决，将市政管网等排水设施的压力也从源头得到分解。同时通过"渗、滞、蓄"等措施将雨水的产汇流错峰、削峰，不致产生雨水共排效应，使得城市不同区域汇集到管网中的径流不同步集中排放，而是有先有后、参差不齐、细水长流地汇集到管网中，从而减轻城市排水压力，缓解和治理城市内涝问题。

（3）削减初期雨水面源污染，改善水环境

随着截污管网的不断完善以及控源截污的实施，面源污染慢慢成为城市水体污染的主要因素。海绵城市的建设：①通过绿色屋顶、植草沟、下沉式绿地、生物滞留设施等对进入管网前的初期雨水进行截留、过滤、净化；②通过雨水湿地、滨河植物缓冲带对进入水体前的雨水进行进一步的净化；③通过设置初期雨水弃流设施，收集初期雨水，并进行处理，从而削减雨水径流污染；④通过源头分散控制减少进入截流式合流制管网中的雨水量，减少污水溢流频率，从而改善城市水体环境。

3.1.3.2　风景园林师与雨洪管理

（1）功能实施者

可持续雨洪管理的很多措施，比如沉淀池塘、生态缓冲带、下沉式绿地等恢复自然水循环过程的重要功能都依托绿地景观实现。这些功能对于传统绿地来说并不是必需的功能设置，但对于具有雨洪调蓄功能的绿地系统来说，这种和水循环相关的生态功能与社会、美学等其他传统功能来说一样是基本要求。

（2）解读诠释者

城市园林绿地是自然系统和社会系统交汇的重要空间，需要兼顾自然生态过程和复杂社会需求。某种程度上来说，全球各地都遵循完全一致的自然水循环过程和规律，但不同地区之间社会和城市发展的需求千差万别。海绵城市建设中的排水、道路交通等工程系统并不关注这些社会、文化功能。因此更需要风景园林和城乡规划、建筑等学科一起，在实现生态雨洪建设要求的同时，兼顾当地社会和城市发展的多种需求，承担起本地诉求的解读者和诠释者的设计师社会责任。

（3）公众教育者

城市绿地日益吸引了越来越多的公众关注，甚至已经变成政治考量的重要内容，在中国也是这样。但公众对雨洪管理知之甚少。这种情况会影响一些建设项目的决策和公众接受程度。一项针对澳大利亚湿地的研究发现，公众熟悉可持续雨洪管理景观的知识有利于人们对湿地的认知，从而有助于对相关景观的接受和认可度。中国对可持续雨洪管理绿地景观的研究结果也显示，公众教育可以促使大众关注更多的绿地要素，并更容易接受这种类型的景观。已有研究认为景观体验可以对公众进行可持续设计相关的知识传达。广义来说，人们在使用城市绿地的同时就能学习和感受自然、生态相关信息。但这种宽泛意义上的学习和感受往往会因为缺乏进一步的思考而收效甚微。因此风景园林师可以通过公众参与设计、提高使用者活动参与度、重复使用某种符号或措施等策略对公众进行更有目的的教育，促进他们更好地理解雨洪管理。

生态雨洪管理的建设与实践涉及多学科工作团队，需要水力、水文、生态等多学科提供技术支持。在多学科工作团队里，环境、生态等学科主导了雨洪管理中水文及相关技术环节的功能设计。这些学科更像导演，明确技术环节的功能定位和需求；风景园林师更像是主演，根据科学原理综合社会、美学等多种因素进行创作和设计整合，对绿地空间的呈现方式和本地诠释起到决定性的作用，同时保证绿地不仅服务自然生态过程，也能满足人类社会的多种功能需求。这个过程中最关键的就是风景园林师的设计活动。有研究者认为设计工作是沟通科学研究与实践项目之间的桥梁。如果说各个学科科学原理支撑的多功能构成是可持续雨洪管理绿地重要基础的话，风景园林师的设计活动就是使"整体大于局部之和"的重要杠杆，是实现生态雨洪管理的关键途径。

从整体上，如何科学地将新型城市雨洪控制利用的理念和技术融入各种条件的风景园林设计之中还远远不够，还要环境、给水排水、水利等专业工程师和风景园林师的共同努力和协作完成。

3.2 国内外现代雨洪管理理论体系

发达国家自1970年以来就开始对城市雨水问题开展研究，经过数十年探索和应用，美、英、德、澳等国家已经形成了较为系统的、适合本国技术法规的雨洪管理理念和体系，并将其很好地应用于城市景观和基础设施的规划设计与建设中。例如，美国创立了最佳管理实践措施（best management practices，BMPs)、低影响开发（low impact development，LID）、绿色基础设施（green infrastructure，GI）；英国推行可持续城市排水系统（sustainable urban drainage systems，SUDS）；欧盟颁布了水框架指令（water framework directive，WFD）；澳大利亚提倡水敏感城市设计模式（water sensitive urban design，WSUD）；新西兰制定了低影响城市设计和开发策略（low impact urban design and development，LIUDD）；此外，新加坡也制定了ABC水计划（active & beautiful & clean，ABC，活跃—美丽—洁净水项目），等等。

3.2.1 欧美地区国外现代雨洪管理

3.2.1.1 最佳管理实践措施（BMPs）

（1）发展背景

最佳管理实践措施（BMPs）于1972年在美国联邦水污染法控制修正案中被首次提出，主要应用于城市雨水资源管理和雨水径流污染控制。第一代BMPs制定于1983年，其措施最初运用在水利及农业方面，后逐渐运用到城市暴雨水管理方面，1987年美国污染物排放削减体系（National Pollutant Discharge Elimination System，NPDES）的内容扩大到雨水径流引起非点源污染的防治，经过十多年的实践探索，1999年NPDES又重新修订，2003年在全美范围内实施，同年，编制完第二代BMPs，现今BMPs已经处在多目标、综合性的发展阶段。

（2）理念内涵

BMPs是对流域水文、土壤侵蚀、生态及养分循环等自然过程产生有益于环境的一些措施，主要分为工程性措施和非工程性措施两大类，通过工程性和非工程性措施相结合的方法实现场地内的雨洪管理目标。工程性措施即通过自然条件来截留和渗透雨洪，或是人工创建这些控制条件，具有一定物理结构的措施，如下凹绿地、生物滞留设施、人工湿地等；非工程性措施指土地利用规划、环境发展政策、公众教育引导、项目的监管执行等。通常情况下最佳管理措施体系由多个措施相互结合以达到减少地表径流和控制污染物浓度的目的。

BMPs的目标主要包括以下几个方面：①对城市雨洪峰流量及城市雨洪总量进行控制，而总量控制主要的对象是年均径流量而非偶然的暴雨事件；②对径流污染物总量的控制；③对地下水回灌与接纳水体保护；④生态敏感性雨洪管理目标，目的是要建立一个生态可持续的综合性措施，包括以生物、化学和物理的标准来确定最佳管理措施实施的效果。

（3）措施策略

①工程性措施 是指在污染物输移过程中降低流失量，通过控制径流、泥沙等减缓流速、削减洪峰、增加下渗率，达到减少地表径流、削减污染物、弱化面源污染迁移转化量的目的。目前，控制面源污染措施主要是从自然角度考量，实施生态工程治理面源污染获得了较好的效果，主要包括植被缓冲带、人工湿地、梯田等。

工程性措施按照其对来水的处理方式又可分为滞留式、生物式、渗透式和过滤式等。滞留式BMPs中最具代表性的是滞留池和滞留塘，另外近些年来应用较多的还有雨水贮存桶等，其区别在于所设计的滞留水体积的大小。生物式BMPs是指主要利用生物的拦截作用使污染物经沉淀、渗透后得以去除的最佳管理措施。植被过滤带（VFS），或称植被缓冲带、河岸缓冲带，是其中最具代表性的措施，主要是置于农业或城市面源污染产生区域的边缘位置，利用当地的植物拦截以减少污染物流入水体。渗透式BMPs渗透系统的主要作用是减少降雨径流量的同时回灌地下水，在此过程中减少径流中所挟带的污染物。过滤式BMPs为生物滞留系统，又称雨水花园，作为一种符合低影响开发（LID）设计理念的BMPs措施，广泛用于城市雨水的控制；通常包括表层植被、填料层、透水土壤，底部一般设有地下排水系统。

②非工程性措施 主要是通过法律、法规、政策、科学管理和公众教育的方式以达到减少污染的目的，如常规的雨水管理、不透水区域的控制、提高民众环境保护意识和制定相关设计规范与标准等，以源头控制与预防为基本策略，强调政府部门和公众的作用。

③BMPs评估 是指在不同区域采取各类BMPs措施后，评估该流域面源污染物的削减率。BMPs评估是决定措施是否适用的关键步骤，全面考察BMPs组合措施的环境效应、成本—效益情况需要采用一系列的评估方法。目前主要采用的评估方法主要包括实地监测、风险评估、养分平衡、模型模拟等。其中实地监测多以田块或河流断面污染物浓度为措施效率评价指标，能够为环境管理部门提供基础数据；风险评估主要以磷素流失潜在风险值作为判断措施实施后是否有效的依据，多以田块作为研究对象；养分平衡则采用营养盐在农田或流域尺度的盈余状况作为评价标准衡量污染物来源变化对于非点源污染产生的影响；模型模拟最为关注BMPs措施对流域尺度污染负荷的影响，其结果较为直观，但操作较为复杂。

3.2.1.2　低影响开发（LID）

（1）发展背景

低影响开发是从美国最佳管理措施发展而来的，不同于最佳管理措施（BMPs）的大尺度调节，低影响开发通过小尺度场地地表径流的处理，减少开发活动对于场地原水文情况的影响。低影响开发理念的出现，同样成为了后期绿色基础设施（GI）理论的指导思想。

20世纪90年代，美国马里兰州的乔治亚王子郡以一种植被滞留与吸收下渗的雨水处理方式来代替传统的雨水最优管理系统（BMPs），这种生态滞留技术（bioretention technology）便是低影响开发的原型。1998年，美国低影响开发中心（LID Center）成立；随后乔治亚王子郡环境资源部发布了题为《低影响开发设计战略》和《低影响开发水文分析》的报告；2000年，美国低影响开发中心与美国环境保护局联合出版了《低影响开发文献综述》，就低影响开发的定义、设计策略和效益评估等进行了初步探索；2003年，美国住房与城市发展部发布了题为《低影响开发策略》的报告，详细阐述了低影响开发的实施策略；其后，低影响开发理念拓展到交通建设和更加多元的城市建设尺度，发表于2006年的《对高速公路雨水径流最优管理控制的评估报告》和《从屋顶到河流》便从交通和雨水管理的角度对低影响开发作出了诠释；2010年，《低影响开发雨水管理规划和设计指导》出版，其详细阐述了基于低影响开发的用地规划和雨水管理设计策略。至此，低影响开发理论体系日趋完善。

（2）理念内涵

低影响开发是以维持或者复制区域天然状态

下的水文机制为目标，通过一系列分散式小规模措施从源头上对雨洪进行调控，以对生态环境产生最低负面影响的设计策略，从根本上改变了传统雨洪资源调控的理念，可以使径流在大小及频率方面恢复到该区域开发前自然状态下的水平。其基本原则是在人工系统的开发和建造过程中，尽量减少对自然生态系统的影响和破坏。这一理念在西方国家得到了普遍认可，其措施逐渐在美国各州、澳大利亚及欧洲等地得以传承和发展。

低影响开发的设计目标是使区域城市化后的水文功能与开发前的相接近，即尽量恢复自然条件下的水文状况。主要表现在降雨径流量的大小、洪峰到达时间等各个方面。其描述的是一连串径流控制措施，同时考虑到生态、环境、发展、经济等诸多方面的一种体现可持续发展战略的设计措施。

（3）措施策略

低影响开发技术提倡因地制宜，强调雨洪控制设施的设计应贯穿于整个场地规划设计过程之中。它采用分散的小规模措施对雨水径流进行源头控制，模拟雨水的自然循环过程，尽可能使区域开发后的水文状况与开发前一致。LID技术包含的措施较广泛，不仅包括结构性基础设施，还包括非结构性措施。

LID技术措施主要包括：

①保护性设计 主要是通过保护开放空间，减少地表径流，包括改造车道、集中开发和限制路面宽度等；

②渗透 通过各种自然设施或工程构筑物使雨水径流入渗、补充土壤水分和地下水，包括绿色街道、渗透性铺装、渗透池和绿地渗透等；

③径流储存 通过径流贮存实现雨水回用或通过渗滤处理用于灌溉，包括蓄水池、雨水桶、绿色屋顶和低势绿地等；

④生物滞留 通过多种生态化措施来降低暴雨时洪峰的流量，帮助消纳径流，包括人工滤池、植被过滤带、植被滤槽和雨水花园等；

⑤过滤 通过滤料、多孔介质等对雨水中的颗粒物质进行截留，使雨水得到净化，包括植被

浅沟、小型蓄水池、植草洼地和植草沟渠等；

⑥低影响景观 通过生物吸收去除污染物，稳定本地土壤土质，包括种植乡土植物、更新林木、种植耐旱植物和改良土壤等。

3.2.1.3 绿色基础设施（GI）

（1）发展背景

绿色基础设施（GI）的思想可追溯到19世纪末，受奥姆斯特德有关公园和其他开敞空间的连接以利于居民使用的思想，以及生物学家有关建立生态保护与经营网络以减少生境破碎化的概念影响，当时的美国自然规划与保护运动中就已蕴含绿色基础设施的思想。1984年，联合国教科文组织在《人与生物圈》报告中首先提出了与绿色基础设施类似的生态基础设施的概念。20世纪90年代，GI作为新的概念首次正式提出。而后，随着"可持续性"成为各国的发展目标，绿色基础设施规划与设计成为关注焦点。

1999年5月，美国总统可持续发展委员会（President's Council on Sustainable Development）在《可持续发展的美国——争取21世纪繁荣、机遇和健康环境的共识》报告中，将GI确定为社区永续发展的重要战略之一；并指出GI是一种积极寻求理解与平衡，评价自然资源系统不同的生态、社会和经济功能，从而指导可持续土地利用与开发模式，保护生态系统的战略措施。自此，GI概念在美国、加拿大广为流传。美国的许多州政府与土地利用部门都成立了相应的委员会或工作组，以专门研究GI相关的问题。关于GI的首个定义出现于1999年8月。在美国保护基金会（Conservation Fund）和农业部森林管理局（USDA Forest Service）的组织下，联合政府机构以及有关专家组成了"GI工作小组"（Green Infrastructure Work Group），旨在帮助社区及其合作伙伴将GI建设纳入地方、区域和州政府计划和政策体系中。

（2）理念内涵

绿色基础设施是近些年来西方国家新出现的关于开放空间规划和土地保护方面的策略，与生态基础设施相比，更加突出连续的绿地空间网络

及其植被的价值。绿色基础设施指一个内部相连的绿色开放空间，由各种开敞空间和自然区域组成，包括绿道、湿地、雨水花园、植被等，这些要素组成一个相互联系、有机统一的网络系统，能够承担城市一系列的生态功能。该系统可为野生动物迁徙和生态过程提供起点和终点，系统自身可以自然地管理暴雨，减少洪水的危害，改善水的质量，节约城市管理成本。

经过多领域的发展与融合，绿色基础设施内涵逐步清晰和趋同，具有以下核心特征：

①功能上，绿色基础设施提供全面的生态系统服务。

②空间上，绿色基础设施是一个跨尺度、多层次、相互连接的绿色网络结构，是城市发展与土地保护的基础性空间框架。

③构成要素上，绿色基础设施包含国家自然生命支持系统、基础设施化的城乡绿色空间和绿色化的市政工程基础设施三个层次。

在宏观尺度上，绿色基础设施是国家的自然生命支持系统，承载水源涵养、旱涝调蓄、气候调节、水土保持、沙漠化防治和生物多样性保护等维护国土生态安全与国家长远利益的生态服务。在中观尺度上，绿色基础设施是基础设施化的绿色空间，不同于传统的城市绿地系统，它具有广泛的缓解城市洪涝灾害、控制水质污染、恢复城市生境、提高空气质量和缓解城市热岛等基础性生态服务，同时提供游憩、审美、文化与精神启发等层面的人居环境服务。在微观尺度和技术层面上，绿色基础设施是以绿色技术为手段对场地进行人居环境综合设计，以恢复完善生态系统服务。

（3）途径体系

在空间上，绿色基础设施体系主要由网络中心（hubs）、连接廊道（links）和小型场地（sites）组成，其外部可能还有不同层级的缓冲区，整个系统连接着人工或自然的绿色空间及场地。网络中心是指大片的自然区域，它是较少受外界干扰的自然生境，为野生动植物提供起源地或目的地，其形态和尺度也随着不同层级有所变化。连接廊道是指线性的生态廊道，它将网络中心和小型场

地连接起来形成完整的系统，对促进生态过程的流动，保障生态系统的健康和维持生物多样性都起到关键的作用。小型场地是尺度小于网络中心，是在网络中心或连接廊道无法连通的情况下，为动物迁移或人类休憩而设立的生态节点，是对网络中心和连接廊道的补充，并独立于大型自然区域的小生境和游憩场所。小型场地同样为野生生物提供栖息地和提供以自然为依托的休闲场地，兼具生态和社会价值。此外，绿色基础设施的构成内容并非全部是绿色空间。河流、雪山、沙漠等自然环境同样有助于绿色基础设施体系的构建。

绿色基础设施体系的构建可分为五个步骤：

①制定体系构建的目标，确定需要保护的各类生态要素，包括制定目标和选择包含在体系的自然和人工要素。

②收集和整理各种生态类型的数据，并进行归类和属性分析。

③识别和连接体系要素，划分网络中心和连接廊道。完成数据属性收集和生态类型的分类后，接下来是识别和连接绿色基础设施体系要素，构建网络体系。

④确定不同的优先保护等级，为保护行动设定优先区。

⑤寻求其他组织和公众的评论和参与。

3.2.1.4　可持续城市排水系统（SUDS）

（1）发展背景

针对传统城市排水体制容易产生洪涝、无法控制雨水污染和忽视生态环境发展等问题，在 20 世纪 90 年代末，英国提出了可持续城市排水系统。可持续排水系统不仅注重在源头解决城市洪涝灾害和水质污染等问题，而且更加注重对生态环境的保护、关注社会的发展等。2007 年，英国出现了极端暴雨天气，导致境内多地发生了严重的洪涝灾害，据统计，有 7300 家公司及 4.8 万住房被淹，共造成约 32 亿英镑的损失。而产生的大量地表径流是形成灾害的主要原因，通过对此次灾害教训的总结，英国政府开始改革传统排水系统，并大力推广使用可持续排水系统。2010 年 4

月，英国议会通过《洪水与水管理法案》，规定凡新建设项目都必须使用"可持续排水系统"，并由环境、食品和农村事务部负责制定关于系统设计、建造、运行和维护的全国标准。

（2）理念内涵

可持续排水系统没有统一的定义，2000年美国建筑工业研究和情报协会提出可持续城市排水系统是"一系列管理实践和控制系统，采用比某些传统技术更加可持续的方式排放地表水"。英国环保局定义"可持续城市排水系统"为对地表水和地下水进行可持续式管理的一系列技术。联合国教科文组织定义为"可持续城市排水系统的设计和管理可以满足城市当前和未来的发展需要，在发挥其本职功能之外还要求具有环境友好、生态完整、可持续的特点"。综上所述，可持续城市排水系统可理解为，它是对地表水和地下水进行可持续化管理的一系列技术而形成的系统，该系统综合考虑水量、水质、环境等因素，以满足城市当前和未来的发展需要。

与传统的城市雨水处理和排放系统相比，可持续城市排水系统具有如下的突出特点：

①排水渠道多样化，采用效仿自然的雨水控制技术措施，在源头对雨水形成控制，避免传统的管网系统仅利用排水管道作为唯一的排水出口。

②传统的排水系统没有考虑初期的雨水污染问题，可持续排水设施具有滞蓄、过滤、净化等作用，可有效减少初期雨水的污染，降低排入河道的污染物总量。

③可持续排水系统将雨水作为一种宝贵的水资源考虑，尽可能重复利用降雨等地表水资源，对节能环保能收到不错的社会效益。

（3）途径体系

英国国家可持续城市排水系统工作组于2004年发布的《可持续排水系统的过渡期实践规范》中提出了英格兰和威尔士实施可持续排水系统的战略方法以及详细的技术导则。SUDS将长期的环境和社会因素纳入到排水体制及排水系统中，综合考虑径流水质与水量、城市污水与再生水、社区活力与发展需求、野生生物提供栖息地、景观

潜力和生态价值等因素，从维持良性水循环的高度对城市排水系统和区域水系统进行可持续设计与优化，通过综合措施来改善城市整体水循环。

可持续排水系统源控制技术的"源"，是指城市流域的顶端——居民区、商业区、文化区、工厂、仓库等，雨水在这里形成径流，冲刷地面并汇集水流，通过下水道或地表沟渠排向下游，包括地表绿化的促渗和控污、透水路面技术、渗塘、地下渗渠等。可持续排水系统源控制在接近降雨的地方处置径流，通过增大地面的透水性来回补地下水，削减暴雨径流，降低洪峰流量，从源头控制径流，对水资源进行保护，协调与环境的关系，考虑当地的需求，适当保留和改善一些排水系统，充分发挥其导排作用，减少水资源的浪费。

可持续排水系统迁移控制技术的"迁移"，是指城市径流产生后到受纳水体之间的空间和过程，空间是指传输暴雨径流的沟渠、管道和其他形体，过程是城市径流在这些迁移形体流经的时间和变化。城市径流在迁移过程中由于物理、化学和生物作用，其水质和水量都会发生变化。可持续排水系统在径流迁移过程中采取一定的措施，降低径流量和流速以促进沉淀和过滤，主要的迁移控制技术有亚表层渗滤技术、地表径流排水的植草沟技术、人工湿地净化技术等。迁移控制一方面是对径流的滞缓、下渗、存储，以增加径流输出的空间路线长度，来达到延缓污染径流输出的时间和降低污染负荷；另一方面通过拦截、沉降、吸附、沉淀等作用把污染物存储、去除、净化。在迁移系统中，迁移控制的优化方案包括对水和营养物资源的循环利用。

城市径流在到达受纳水体时，径流和水体在水陆交错带相遇，这里的空间和过程称为可持续排水系统的"汇"，这是可持续排水系统里对暴雨径流进行控制的最后一道关口，一般在源控制、迁移控制的基础上进行。可持续排水系统汇控制技术主要有区域性的塘湿地和沼泽湿地、岸边净化的生态混凝土技术、控污型岸边带系统等。

"源—迁移—汇"系统模式将各种处理设施连接成链状或网状，在"源""迁移""汇"的每

一道关口，各个处理设施去除污染物的能力不同，但是能够达到较高的总体处理效果，污染物在系统的各个部分被去除，大大降低了进入受纳水体的污染物总量，保护了环境，缓解了水资源危机。

3.2.1.5 水框架指令（WFD）

（1）发展背景

欧盟成立以来，环境问题一直是这个超国家区域联盟组织政策发展的主要抓手。作为区域性、全球性、人类共同风险的现代环境问题，也跨越传统行政边界，由此为调整传统权力平衡、改革权力组织架构和衔接权利与权力提供更多合理性基础。在水事管理领域，欧盟主要是通过颁布"指令"这种规范形式来实现。相对于"条例"在欧盟成员国内的直接适用，"指令"需要成员国选择最能保障指令实践效果的国内立法形式，将欧盟指令转化到国内法。

欧盟在 2000 年 10 月 23 日颁布《欧盟水框架指令》，此指令是为了建立欧盟水管理框架，为保护和提高欧盟内所有水资源的质量出台。该指令于 2000 年 12 月 22 日正式执行，主要目标是"在2015 年前实现欧洲良好的水状态"。欧盟希望通过此指令的出台，能够避免水环境的继续恶化，保护水生态系统的现状和与之直接相关的陆地生态系统。通过对现有资源的长期保护，促进可持续性的水资源利用。通过逐条减少或调整极度危险物质的排放、污染和危害保护水环境，逐步减少地下水的污染，减少洪水和干旱的影响。

（2）理念内涵

水框架指令有丰富的内容，一共有 26 条和 11个附件，保护范围十分全面，每一条都相当于法规的一章。水框架指令建立了一个保护欧洲内陆地表水、过渡性水域、沿海水域和地下水的管理框架，并对已有的水资源指令作了补充。水框架指令的一大特色在于将水资源管理重点放在目标的设定上，并且注重对不同水体的目标进行区别对待，同时允许运用综合的和创新的方法来实现目标，这样就使得水框架指令与其他指令的具体

要求不相冲突。作为水资源管理的统一立法，水框架指令首先规定了管理的总目标：

①防止水陆生态系统恶化并改善其状况；

②促进水资源可持续利用；

③减少有害物质污染；

④逐步减少地下水污染；

⑤减少洪灾与旱灾的影响。

水框架指令的关键目标则是在 2015 年以前使欧洲所有水域达到良好状态。欧盟水框架指令启动以来，尽管面临着巨大的困难和挑战，但各国还是在水资源管理和保护领域取得了举世瞩目的成就。为了使流域管理规划确定的措施计划具有可操作性，除了规定总目标之外，水框架指令也提出了成员国必须达到的具体的指标目标。

水框架指令的基础性特点是：

①保护范围全面　水框架指令提到的水保护范围不仅仅针对淡水，还包括地表水、地下水、半咸水和沿海水域。基本将欧洲范围内的所有水域类型都包含在内。

②保护内容丰富　涉及保护水的各个方面，如水量、水质、水生态系统的保护等。

③提出了以流域为单元保护水的要求　要求制定流域规划，流域机构必须由能够胜任的机构承担。各成员国将其确认的流域机构及其有关信息报告给欧盟委员会。

④将水域的保护与污染控制措施紧密结合　这一点与欧盟过去的法规有所不同。过去欧盟在污染控制方面和危险品管理方面有单独的法规，比如要求登记等，但是并没有直接与水域保护的要求结合。

（3）途径体系

"综合"是水框架指令中的一个十分重要的概念，综合管理是水框架指令的核心内容。为了进行有效的流域管理需要采用多学科的方法，较为理想的是一个主管机构能够集中多学科的专长，如果不能实现，则需要建立各部门间的密切合作关系以保证规划和实施的协调。总体来说，根据《欧盟水框架指令共同实施战略指导文件》的总

结，水框架指令中"综合"的含义体现在：在一个共同的政策框架中，①综合水资源数量、质量和生态的环保目标；②综合流域范围内的地表淡水、地下水体、湿地、沿海水域等所有水资源；③综合水的各种用途、功能和价值；④综合多种学科、多样分析、多类专长；⑤综合原有水法规；⑥综合所有重要管理内容和可持续流域管理相关的生态内容；⑦综合一系列措施，包括定价及经济与财务工具；⑧综合吸收利益相关者和全社会参与流域管理决策；⑨综合对水资源及水状况有影响的当地、区域和国家不同决策层次；⑩综合不同成员国对共有流域水资源的管理。

3.2.2 亚太地区国外现代雨洪管理

3.2.2.1 澳大利亚水敏感型城市设计（WSUD）

（1）发展背景

20世纪80年代以来，随着澳大利亚经济的快速发展，水资源短缺、水环境污染、土地盐碱化、湿地萎缩等问题相继出现并日趋严重。面对自然资源的枯竭和环境的严重退化，联邦政府于1993年开始对水行业进行有效和持续的改革，内容涉及水价、水权和水资源管理体制等。传统的给排水和雨水基础设施是为了解决公共卫生和满足防洪功能的需要而建设的，社会经济的快速发展给原有基础设施带来了很大的压力，由此人们开始探寻新的水资源利用模式。随着可持续发展理念的深入人心，人们意识到传统城市发展模式给自然水文循环和生态过程带来了负面影响，在进行城市更新和建设时必须要考虑城市水系统的环境价值，重视城市水资源特别是雨水资源的循环利用。水敏感型城市设计（Water Sensitive Urban Design，WSUD）就是在这样的大背景下产生的，它强调通过城市规划和设计的整体分析方法来减少对自然水循环的负面影响和保护水生态系统的健康。

（2）理念内涵

水敏感型城市设计（WSUD）将综合水管理与城市设计相结合，为城市水资源问题的解决提供整合管理的整体性、综合性空间解决方案。国际水协会将水敏性城市设计定义为城市设计与城市水循环的管理，保护和保存的结合，从而确保城市水循环管理指够尊重自然水循环和生态过程。澳大利亚水资源委员会提出："WSUD是从城市规划的各个阶段将城市开发设与城市的水循环相结合的一种城市规划新途径。"著名学者大卫骑士（David Knights）认为水敏性城市设计代表了一种城市规划设计的新范式，它旨在减少人类活动对自然水循环的影响并且保护水生生态系统的健康：水敏性城市设计促进了城市径流即雨水、供水、污水、地下水的整合管理，对其集中提供可持续的水循环解决方案。此外，水敏性城市设计将这些可持续的水循环解决方案与城市发展的规划和布局相结合，以便达到城市生态可持续的整体目标，Wong THF和Ashley R等人认为水敏性城市设计包括两部分，即城市设计和水敏感度分析。城市设计是公认的联系城市规划和建筑设计的学科，城市设计历来都不涉及水领域，但城市设计的实施却对水及城市的土地利用产生重大的影响。水敏性城市设计将对水文的考虑加入到城市设计中来，旨在确保城市设计的过程中提升水的重要性，水敏感度分析是集合各个学科工程、环境科学以及与水供应相关的学科的一种整合城市水循环管理的新范式，意在保护城市中的水生环境、提高社会价值以及满足城市决策者的愿望。

WSUD的总体目标为减少城市化对于自然水文循环的影响，具体包括如下五个方面：

①保护自然水系统　在城市发展中保护和提升自然水系统。

②雨洪处理和景观设计相结合　通过多功能廊道把雨水利用到景观设计中来，这种廊道可以使开发建设中的视觉和游憩价值最大化。

③水质净化　净化城市地表径流的水质。

④减少地表径流和洪峰流量　通过增加场地雨水滞留和降低不透水面率来削减洪峰流量。

⑤减少成本　在增加综合效益的同时减少开发成本，将用于排水系统的成本最小化。

（3）途径体系

WSUD 致力于水敏感空间的场所设计，赋予丰富的功能、多样的场地、趣味优质的细节、美观的植物搭配等，以营造好的场所。雨水收集的公共中心，多结合设置于篮球场、滑板场、小广场、开放草坪，或者湿地公园，供市民锻炼休憩、交往纳凉。对于输送雨水的绿色廊道，墨尔本建立雨水循环的漫游路径，成为步行、慢跑以及自行车骑行路线。它由水系、公园、线性绿地、绿色街道组成，串联了优秀的实践案例，又增强开放空间之间的联系，营造了充满趣味性的、学习可持续雨洪管理的环境。

WSUD 的实施包括源头减排、循环利用、生态修复、政策支撑、多元参与五个方面。源头减排指将项目建成后的雨洪收集处理，通过水质处理使污染物含量达到一定的削减后，排入下游天然河道或水体。循环利用指注重水循环过程中对水质的控制，将流域管理、雨水收集、供水、污水处理、再生水回用等环节整合到同一体系中，考虑各种水系统之间的影响与补充，将城市水循环与总体规划有机结合。生态修复指注重通过生态修复手段维护或创造多样的河床形态，以提高水中的溶氧量，建立植被缓冲带，过滤进入水体的雨污径流或邻近水体的污染物，选择可持续的水质净化方式，建立稳定的水生态系统。政策支撑指城市政府主管部门着手修订规划政策，制定相应的技术标准和规范，积极探索相应的规划实施，为水敏性城市设计的全面实施确立制度框架，创造高效的运作环境。多元参与指不同类型的雨洪管理需要考虑土地利用、产业交通等一系列复杂的问题，还需要协调包括地方管理部门、开发商、土地所有者、住区居民等不同群体的利益关系，WUSD 的评估和决策等实施过程以跨学科、多专业的协作为基础，涉及城市规划、城市设计、建筑、风景园林专业和与水处理相关的工程设计人员。

3.2.2.2 新西兰低影响城市设计与开发（LIUDD）

（1）发展背景

新西兰雨水管理政策起源于新西兰科学技术研究基金会（Foundation for Research Science and Technology，FRST）所支持的"可持续城市投资开发项目"下的一个六年计划，该计划于 2003 年实施。通过强调利用以自然系统和低影响技术为特征的规则、开发和设计开发方法来避免、最小化和缓解环境损害。

（2）理念内涵

低影响城市设计与开发（low impact urban design and development，LIUDD）吸收了 LID 技术的工程设计理念，同时借鉴澳大利亚 WSUD 的经验，LIUDD 通过一整套水系综合管理方法来促进城市发展的可持续性，避免传统城市发展模式带来的一系列对生物多样性与社会环境负面影响，保护水生和陆生生态系统完整性。LIUDD 强调对三水（供水、废水和雨水）的综合管理，通过对雨水、废水的收集、处理、回用实现流域水循环的本地化，从而保持城市水系的自然循环，减轻对生态的影响，降低持续高涨的饮用水成本。

（3）途径体系

新西兰对于雨水排放政策的具体内容是：雨水排放一般不能增加现存的负面影响和对下游河流带来不利影响。申请土地时，根据国会等部门制定的雨水排放地图进行分类，根据不同地区的分类采用不同的雨水排放对策。在居住区的新开发或拟扩建地区雨水处置系统的设计规划应满足 10 年的暴雨重现期，在商业区应满足 20 年暴雨重现期，公园及开阔地带满足 5 年暴雨重现期，对不同地区采用不同的雨水处置方法。

新西兰法律中，各个层级都有不同的雨水管理法规。国家级层面有 1991 年新西兰国会颁布的《自然资源管理法》（*Resource Management Act*）；在大区政府政策与规划层面有 1941 年颁布的《土壤保护与河流控制法》；在地方市区政府层面会根据下游生态状况分区管理，对每个雨洪管理区的不透水地面及雨洪控制有不同的要求。新西兰主要由国家、大区、市等分别制定具体的雨水利用制度及管理措施。区和市发挥的作用较大，尤其是市级政府，它既是政策的制定者，又是具体的管理者。

3.2.2.3 新加坡 ABC 水计划

（1）发展背景

由新加坡国家水务署（PUB）于 2006 年发起的 ABC 水计划项目（Active, Beautiful, Clean Waters Programme），简称 ABC 水计划，旨在改造新加坡的水道和水库，使其超越排水和蓄水功能，创造干净美丽的河流和湖泊，同时允许这些空间用于社区联系和娱乐。透过整合环境、水体和社区，新加坡国家水务署希望能充分发挥该国水体的潜力，并向新加坡人灌输对水的管理意识。

该项目利用现有的城市水基础设施，通过创造机会让人们享受水体和水道，并将其作为城市邻里和城市景观的一部分，使公众更加了解水的珍贵价值。为此，该项目通过水体和水道的设计和升级，使水体和水道成为一个居民友好型环境。

除了向城市和市民介绍水之外，ABC 水计划还与城市的雨水管理战略紧密相连。ABC 水计划提倡使用自然系统来临时吸收雨水，从而减少流向公共水道网络的洪峰径流，从而在暴雨期间降低洪水风险。这样的系统可以设计为人类景观空间的一部分，通过将水基础设施增加一倍，使社区空间的活力加倍。这些想法被浓缩在节目的首字母缩略词"ABC"中，即水活力、水岸景观、水质净化。

（2）理念内涵

ABC 水计划定义为三方面内容，Active 对应为水活力，主要包括提高大自然的可亲性，建立公共娱乐设施，与商业元素的有机结合，以及以艺术与文化方式进行呈现；Beautiful 对应水岸景观，主要包括打造美丽河岸景观以及修复大自然的线条；Clean 对应水质净化，主要包括雨水管理、水敏感型城市设计（WSUD）、新型建筑方式、湿地技术、生物修复方式以及建立蓄水池等。

（3）途径体系

首先，从雨水源头上，ABC 水计划提出通过生物土壤工程技术构建动植物群落栖息场所、加强屋顶绿化等方式，不仅可以抑制雨水上涨速度并在地面雨水径流汇入水域和水库之前对其进行

滞留和净化，还可以恢复生态多样的城市水系统，提高环境的亲水性。其次，在雨水路径上，ABC 水计划提出将国家既存的功能单一、实用性的排水沟渠、河道、蓄水池转变为充满生机、美观的溪流、河湖，并同时整合周边的土地开发，营造崭新的水滨休闲、社区活动空间。最后，在雨水去向上，ABC 水计划提出加大集水区建设，保护自然水体并配合水库的修建，新加坡计划最终把集水区扩大到全岛面积的 90%，到 2060 年，实现本国水源全面自给自足。ABC 水计划将原有运河、排水渠和湖泊改造为溪流、小河和湖，加强滨水空间的亲水性打造，注重与城市建筑的融合，结合动植物群落栖息场所的建立增强生态多样性，构建出一个有效的城市水循环系统，为城市的可持续发展和宜居环境打下坚实的基础。

在新加坡这样一个淡水资源极度缺乏的国家，通过对于雨水的搜集、保护和净化处理，辅之以模制造和净化技术和海水淡化技术，逐步实现了水源的自给自足。在这一进程中，ABC 水计划的提出以及在此计划下催生的一批运用先进设计手段实现的项目，也许值得正在大力推进海绵城市建设的我们加以借鉴。

3.2.3 中国海绵城市现代雨洪管理

3.2.3.1 发展背景

城市的内涝和缺水共同存在，这对矛盾体为现代城市发展以及人类生存带来了极大的阻碍与不便，在这种背景下，海绵城市理论孕育而生。近些年来我国将雨水管理列为城市可持续发展的重点。住房和城乡建设部（以下简称住建部）等相关部门围绕雨水的组织和利用展开工作，建立海绵城市体系，推广试点海绵城市建设。2013 年，习近平总书记在中央城镇化工作会议上指出，要"建设自然积存、自然渗透、自然净化的海绵城市"，揭开了我国建设海绵城市的序幕。2014 年 10 月，住建部正式发布《海绵城市建设技术指南——低影响开发雨水系统构建（试行）》，2014 年 12 月，财政部、住建部和水利部联合发布

《关于开展中央财政支持海绵城市建设试点工作的通知》，正式启动 2015 年中央财政支持海绵城市建设试点城市申报工作，首批选择了 16 个城市进行了国家海绵城市建设试点。2015 年住建部制定了《海绵城市建设绩效评价与考核办法（试行）》分为水生态、水资源、水安全、制度建设及执行情况、显示度等几个方面的指标、要求和方法。住建部在 2016 年相继颁布《海绵城市建设先进适用技术与产品目录（第一批）》和《海绵城市建设先进适用技术与产品目录（第二批）》，系统梳理了海绵城市技术产品装备体系。在上述一系列政府文件的推动下，近年我国在海绵城市建设领域进行了诸多探索，并取得了大量成绩。

自海绵城市提出以来，通过几年的试点城市建设，海绵理念和功能定位越来越明确，技术体系也逐步得以完善。在顶层设计上，总规、专规等对城市建设做提纲挈领的规划，又有系统化实施方案作为城市建设单行本，在规划与设计之间无缝对接。技术体系的每一个环节对应的都有数量众多的技术装备，各个环节的技术装备构建了与技术体系响应的装备体系。

3.2.3.2 理念内涵

《海绵城市建设技术指南——低影响开发雨水系统构建》对海绵城市定义为：海绵城市是指城市能够像海绵一样，在适应环境变化和应对自然灾害等方面具有良好的"弹性"，下雨时吸水、蓄水、渗水、净水，需要时能够将存储的水释放并加以利用，故也可称为"水弹性城市"。其理论核心是增强生态系统的整体服务性功能体系，建立多种尺度上的水生态设施，并结合多类具体技术共同建设水生态基础设施。这些尺度可以分为三层，即流域或区域宏观尺度，城区、乡镇或村域中观层面，以及微观层面的具体建设单元。其目标是通过机制建设、规划调控、设计落实、建设运行等过程，实现雨水资源化利用，应对暴雨洪涝灾害并控制水体污染，实现雨水径流的"渗、滞、蓄、净、用、排"，达到城市良性水文循环，从而保护城市水生态系统。海绵城市的建设能够

在一定程度上缓解并解决城市内涝问题，它是结合国外的多种雨洪管理模式，通过结合中国国情产生的一种特色性的雨洪管理模式。城市的"海绵体"不仅包括小区建筑物的屋顶、植草沟、园林绿化、透水铺装等相配套的设施，同时也包含了城市的各种水系，如江、河、人工景观湖等。

海绵城市的概念和内涵主要有三方面：首先，海绵城市建设推行现代雨洪管理体系，视雨洪为资源。把雨水作为重要的资源加以利用，运用工程和非工程的措施，分散实施、就地拦蓄，使其及时就地下渗，补充地下水，从而减少地表径流。其次，海绵城市建设会减少面源污染、降低洪峰和减小洪流量，缓解城市水污染问题，保证城市防洪安全。海绵城市足够的容水空间及良好的就地下渗系统，能有效提高城市防洪能力。最后，海绵城市是对低影响开发含义的延伸。

海绵城市建设应遵循生态优先等原则，将自然途径与人工措施相结合，在确保城市排水防涝安全的前提下，最大限度地实现雨水在城市区域的积存、渗透和净化，促进雨水资源化利用和生态环境保护。在海绵城市建设过程中，应统筹自然降水、地表水和地下水的系统性，协调给水、排水等水循环利用各环节，并考虑其复杂性和长期性。海绵城市的终极目标是恢复自然的水循环系统，建立稳定的生态系统，创建健康、绿色的城市面貌。

3.2.3.3 措施策略

海绵城市通过加强城市建设管理，充分发挥建筑、道路、绿地、水系等生态系统对雨水的吸纳、蓄渗和缓释作用，有效控制雨水径流，实现自然积存、自然渗透、自然净化的发展方式。以可持续发展的眼光协调、解决城镇化进程与伴随其产生的资源环境问题之间的矛盾。我国幅员辽阔，各地的气候特征和水文特征差异很大，海绵城市建设的过程中，要具体问题具体分析，选择适合的海绵城市建设方案。

海绵城市的建设途径主要有以下几方面：

①对城市原有生态系统的保护 最大限度地

保护原有的河流、湖泊、湿地、坑塘、沟渠等水生态敏感区，留有足够涵养水源、应对较大强度降雨的林地、草地、湖泊、湿地等，维护城市开发前的自然水文特征，这是海绵城市建设的基本要求。

②生态恢复和修复 对传统粗放式城市建设模式下，已经受到破坏的水体和其他自然环境，运用生态的手段进行恢复和修复，并维持一定比例的生态空间。

③低影响开发 按照对城市生态环境影响最低的开发建设理念，合理控制开发强度，在城市中保留足够的生态用地，控制城市不透水面积比例，最大限度地减少对城市原有水生态环境的破坏，同时，根据需求适当开挖河湖沟渠、增加水域面积，促进雨水的积存、渗透和净化。

最初提出的管理雨洪径流和控制污染的低影响开发模式，是利用小规模的源头控制机制和技术手段，重点放在了源头控制径流及污染，以便达到维护水生态平衡和节约自然资源的功效。然而，随着城市建设过程中的径流污染、水资源短缺，城市内涝发生频繁、原因复杂，仅依靠源头控制已无法有效应对。而海绵城市建设理念认为，在城市开发建设过程中，需要综合运用源头削减、中途转输、末端调蓄等多种手段，方能奏效。

海绵城市建设技术按主要功能一般可分为渗透、储存、调节、转输、截污、净化等几类。通过各类技术的组合应用，可实现径流总量控制、径流峰值控制、径流污染控制、雨水资源化利用等目标。实践中，应结合不同区域水文地质、水资源等特点及技术经济分析，按照因地制宜和经济高效的原则选择低影响开发技术及其组合系统。低影响开发技术又包含若干不同形式的低影响开发设施，主要有：透水铺装、绿色屋顶、下沉式绿地、生物滞留设施、渗透塘、渗井、湿塘、雨水湿地、蓄水池、雨水罐、调节塘、调节池、植草沟、渗管/渠、植被缓冲带、初期雨水弃流设施、人工土壤渗滤等。

3.3 雨洪管理技术措施与途径

3.3.1 源头调控技术

3.3.1.1 透水铺装

透水铺装是指在硬质面层和基层应用透水材料，在保证足够的路用强度和耐久性的前提下，使雨水渗入铺面结构内部，最终直接进入土基或由内部盲渠排除，从而实现径流控制的铺装形式（图3-1）。它最大的优点是透水性好，其主要影响因素是孔隙率。根据透水铺装的沥青混合料的孔隙率和透水性的关系研究显示，8%的孔隙率是沥青路面透水性急剧增长的拐点。透水铺装的孔隙率应大于8%，而根据实际应用状况和经验总结，透水铺装的孔隙率达到15%~25%，才能保证达到畅通透水的效果。

透水铺装的典型构造由五部分构成：透水面、透水找平面、透水基层、透水底基层和土基（图3-2）。透水性铺装结构由于面层材料的不同可分为整体型透水性铺装结构（包括透水水泥混

图3-1 透水铺装

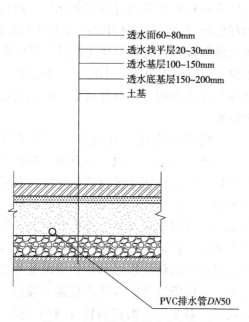

透水面60~80mm
透水找平层20~30mm
透水基层100~150mm
透水底基层150~200mm
土基

PVC排水管DN50

图3-2　透水铺装典型构造示意图
（依住建部《海绵城市建设技术指南》改绘）

植物
基质层
过滤层
排水层
防水层
保护层

排水口

排水管

建筑屋顶

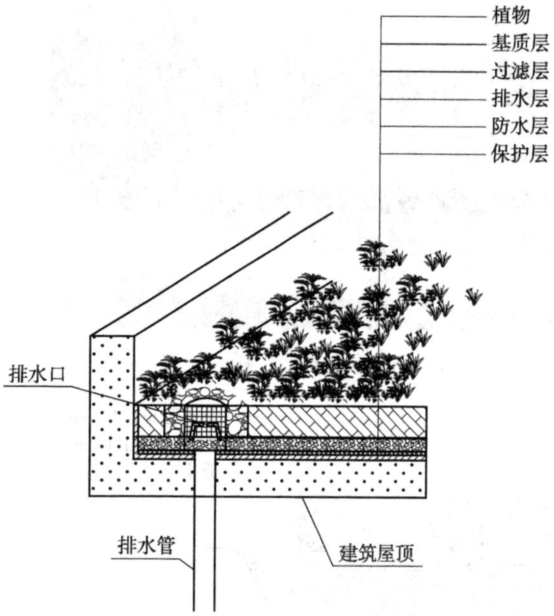

图3-3　绿色屋顶典型构造示意图
（依住建部《海绵城市建设技术指南》改绘）

凝土和透水沥青混合料）和块料型透水性铺装结构（预制路面砖铺装）。整体型透水性铺装面层是通过材料的特殊级配，使面层具有相互连通的多孔结构，成为雨水下渗和下垫层蓄水蒸发的通道，但多孔结构会降低骨料的连接强度，进而降低该路面的强度和耐久性。

3.3.1.2　绿色屋顶

绿色屋顶又称为植被覆盖，即在各类建筑物、构筑物、桥梁（立交桥）等的屋顶、露台或天台上进行绿化、种植树木花草的统称。其标准构造由植被层、基质层、过滤层、排水层和阻根防水层等组成（图3-3）。其主要运作机理是利用植物的叶片、根系和土壤来滞留、吸收利用部分雨水，利用坡度等处理使其余雨水流入雨水收集回收设施，在削减雨水径流量的同时通过植物吸收、土壤吸附和微生物降解等作用去除污染物。

根据屋顶形式绿色屋顶可分为坡屋顶和平屋顶。屋面坡度大于5%的屋顶为坡屋顶，可分为"人"字形坡屋面和单斜面屋面两种。草皮和易于造型及后期养护的藤本植物经常栽种在这类屋面

上。平面屋顶在城市中最为普遍。这种屋顶在设计时经常与绿植、廊架、水池相结合，创造出一个综合空间。其处理雨水的效率通常较坡屋面高。

根据绿化密集程度绿色屋顶可分为开敞型绿色屋顶（粗放型绿色屋顶）和密集型绿色屋顶。作为绿色屋顶建设中最简单的一种形式，开敞型绿色屋顶虽然具有重量轻、后期养护简单的优点，但在使用上也存在适合建筑负荷小、后期养护投入少的局限性。这种粗放型绿色屋顶能给人更加贴合自然的感觉，绿化效果更自然；与平面屋顶类似，密集型绿色屋顶也是将绿植和溪水亭榭结合在一起，用精心设计的路径将休闲、娱乐、办公空间巧妙地串联起来，形成了绿色屋顶的升华——屋顶花园。

使用绿色屋顶技术一方面可以提高城市绿化覆盖面积，改善城市环境景观效果；另一方面可调节城市气温与湿度，为鸟类提供栖息地，还可以改善建筑屋顶的性能及室内温度，在雨水管理上能起到削减雨水径流量和雨水的污染负荷的作用。绿色屋顶是一种通过降低城市不透水面积的比例的低影响开发措施，对于城市化历史较久、

图3-4　生物滞留设施

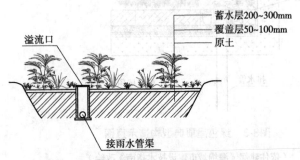

蓄水层200~300mm
覆盖层50~100mm
原土

溢流口

接雨水管渠

图3-5　简易型生物滞留设施典型构造示意图

（依住建部《海绵城市建设技术指南》改绘）

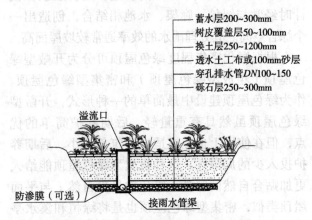

蓄水层200~300mm
树皮覆盖层50~100mm
换土层250~1200mm
透水土工布或100mm砂层
穿孔排水管DN100~150
砾石层250~300mm

溢流口

防渗膜（可选）

接雨水管渠

图3-6　复杂型生物滞留设施典型构造示意图

（依住建部《海绵城市建设技术指南》改绘）

不易使用传统雨洪管理措施的区域有显著效果。

3.3.1.3　生物滞留设施

生物滞留设施指种植植物的较浅的低洼区域，通过池中植物、土壤的作用对停车场、小型广场、街道、宅院等小汇水面汇集的雨水进行滞留、净化、渗透以及排放（图3-4）。其功能是模仿自然

条件下植物和土壤的过滤净化作用，通过一系列的理化处理过程对雨水中的污染物进行过滤净化。生物滞留设施分为简易型生物滞留设施和复杂型生物滞留设施（图3-5、图3-6），按应用位置不同又称作雨水花园、生物滞留带、高位花坛、生态树池等。

生物滞留设施形式较多，主要包括雨水花园、下凹式绿地、干池、砾石沟、草沟等。一般建在较周围建设区地势更低的地区，在旱季时为普通的自然绿地，在雨季时可以暂时储存雨水形成水面。其内雨水积累不会持续太久，经过植物和土壤的过滤后，积水慢慢回灌至地下补充地下水，或者渗入预先建好与生物滞留池连接的储蓄池中。生物滞留池的水质净化能力较强，相关研究表明，对于汇水面积为自身面积2倍的生物滞留池，其对百年一遇的暴雨洪峰削减率可达到40%以上，对氮磷等营养物质的去除率也能达到60%。

生物滞留设施主要适用于建筑与小区内建筑、道路及停车场的周边绿地，以及城市道路绿化带等城市绿地内。对于径流污染严重、设施底部渗透面距离季节性最高地下水位或岩石层小于1m及距离建筑物基础小于3m（水平距离）的区域，可采用底部防渗的复杂型生物滞留设施。

3.3.1.4　雨水罐

雨水罐也称雨水桶，是一种低成本高效率的雨水贮存设施，常设置于低楼层建筑小区或商业、工业区，接收雨落管流下来的雨水并贮存，待需要时雨水通过回用管流向用水区域。由于雨水罐对水质净化效果有限，贮存的雨水若不经其他处理通常只用于绿地、花园的浇灌，其容积可由设计回用水量确定，且应在72h内排空，超量雨水从溢流管排入市政雨水管网或下级生态措施中进一步调蓄处理，如雨水花园、植被浅沟、植被过滤带等。常见布置形式如图3-7所示。

雨水罐通常由塑料、木头、陶瓷、砖或混凝土等材料做成成品后直接安放在需要的位置。一

般性结构包括：密闭式储水容器、碎片蚊虫隔离网、有过滤装置的进水口、取水系统（水泵、水龙头、出水管）、排水阀、泄水口、溢流管、入孔或观察孔；特殊结构还可以有：水位检测仪、沉淀槽以及与其他容器相连的雨水连接管。

考虑到雨水罐使用的稳定性，通常在湿润或半湿润地区才采用，干旱半干旱地区由于降水量不足，很难保证雨水的回用率。另外，在雨水罐的使用过程中需定期进行内部清理，避免沉积物过多以及藻类、蚊虫的繁殖使水质恶化，这就需要用户积极参与雨水回用体系中，自觉维护区域的水生态系统。

3.3.1.5　初期雨水弃流设施

初期雨水弃流设施的基本原理是初期雨水由进水管流入弃流池，待进入弃流池的雨水量超过弃流池的容积，后续较为洁净的雨水将从出水管输出。雨水中污染物质量浓度相对较高的初期雨水截留在弃流池内，通过底部透水层下渗补充地下水。该装置具有以下特点：采用组合方式，弃流池的容积可调。被弃流的雨水由弃流池底部直接渗入地下，实现雨水的自动弃流（图 3-8）。

初期雨水的弃流方式包括分散式末端雨水弃流装置、专用弃流池和雨水跳跃井。分散式末端雨水弃流装置是在单个雨水管或道路雨水收集管下安装分离设备，该种装置适合多种初期雨水水质。这种弃流装置主要是靠浮球阀来控制初期雨水的弃流，当弃流池的水位达到某一高度时，浮球阀关闭，雨水立管内后期的水从旁通管流走从而达到分离的目的。弃流池的大小和浮球阀的控制水位是影响弃流量和弃流效果的关键因素，二者只有达到较好的匹配才能对某一暴雨强度范围内的初期雨水达到合理的弃流，偏离了暴雨强度范围的初期雨水弃流效果会不理想。专用弃流池弃流方式一般是在雨水收集池的池体内或者池体边设置一个弃流池，这种弃流方式对自动控制系统要求较高，根据已经划定的区域范围和平均暴雨强度估算某一区域的初期雨水弃流量，然后在

自动控制系统内设定当弃流池内的水位上升到某一高度时，通过阀门的切换，使得后期的雨水直接进入雨水收集池，从而达到初后期雨水分离的目的。该种弃流方式如果计算合理，能够达到较好的初期雨水弃流量。中国国家体育场的雨水收集池就是采用此种方式，效果较好。但是，如果

图3-7　用于屋面雨水收集的雨水罐

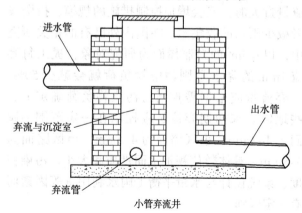

小管弃流井

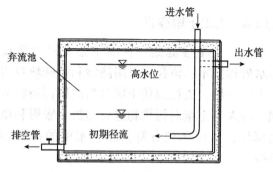

容积法弃流装置

图3-8　初期雨水弃流设施示意图

（依住建部《海绵城市建设技术指南》改绘）

区域划分不合理，雨水收集池位置放置不适当，那么就达不到很好的弃流效果。雨水跳跃井弃流初期雨水，完全利用物理原理，没有任何辅助的机械和电控设备，简洁、高效。它对初期雨水弃流量大小的控制在一个较大的氛围内，只要雨水如流管内的水位保持在某一高度之下，所有的雨水都会被截流送入污水处理厂，而且不存在设备的损坏造成弃流的失败，这在很大程度上保证了弃流的效果。但是，它在弃流初期雨水的同时，由于没有办法实现自动控制，对中间过程和降雨后期降水量减小的干净雨水也一并弃流，造成弃流量的增加和水资源的浪费。

采取何种弃流控制措施及如何合理确定初期弃流量大小应根据项目现场条件、汇水面特性、管渠系统大小、污染状况、控制目的及设计的后期工艺处理系统等综合分析而定，当初期弃流量不足时，控制径流污染的效果不明显；当弃流量过大时，又会增加控制措施的规模、投资或者减少雨水的收集量。在国内外已有的相关研究中，以 $0.5m^2$ 的自制屋面为研究对象，提出每弃流 1mm 的降水量则污染物负荷就会减少 50%，故弃流量应根据需控制的污染物负荷确定；有些地区要求初期弃流量应控制在一定范围：屋面为 1~3mm，小区路面为 4~5mm，市区路面为 6~8mm；具体数值视汇水面性质和大小、污染程度、系统设计与水量平衡（雨水利用）等因素而有一定区别。

3.3.1.6　人工土壤渗滤

人工土壤渗滤是一种以生态工程为途径的污水处理技术。该技术采用滤纱和特殊填料组成的人工土壤，通过模仿土壤自然消解污染物的过程，用人工土壤对污染物进行过滤、吸附和微生物降解，从而达到分解去除污水中的污染物的目的。

人工土壤渗滤系统将污水导向人工配置的渗滤介质之中，污水渗滤工艺作为一种新型的水处理技术，其设备简单、投资低、操作管理方便、能耗低、净化效果良好，克服了传统土壤渗滤水

力负荷低的缺点，在污水处理领域有广阔的应用前景。人工土壤的构建实现了土地处理工艺久不能突破的技术瓶颈，解决了处理负荷低、工程占地面积大的缺陷；微生物生长环境明显改善。

人工土壤渗滤工艺在土地处理工艺的基础上，借鉴了污水快速渗滤土地处理系统和构造湿地系统，并取其长避其短，逐步发展成为具有自身特色的新型土地处理技术。

人工土壤中的石英砂、石灰石、少量矿石和活性炭及营养物质等构成了一个复杂的胶体颗粒体系，各种污染物（如氮类污染物）大多以胶体状态稳定存在于污水中。当污水进入土壤层，原来的两种各自独立的体系就构成了新的胶体体系，由于电解质平衡体系的破坏和土壤层腐殖质等高分子物质的不饱和特性，导致在新的体系中发生一系列的胶体颗粒的脱稳、凝聚、絮凝和相互吸附等物理化学过程，进而在人工土壤生长着的大量细菌、真菌、酵母菌、霉菌、原生动物、后生动物和蚯蚓等，将污水中的有机质及氮磷等营养素进行降解和吸收，从而使污水得以净化。

主要渗透措施包括：

①采用生物填料回填，代替土壤，构造人工土壤环境。

②增大人工土壤包气带，加强土壤复氧能力。

③增大水力负荷，使污水通过系统的速度加快，从而降低占地面积；采用管网布水和自控技术，实现良好水利条件和运行管理。

④工艺前设调节池和水力筛，采用循环交替的运行方式，有效防止堵塞发生。

3.3.2　过程传输技术

3.3.2.1　植草沟

植草沟指种有植被的地表沟渠，可收集、输送和排放径流雨水，并具有一定的雨水净化作用，可用于衔接其他各单项设施、城市雨水管渠系统和超标雨水径流排放系统。除转输型植草沟外，还包括渗透型的干式植草沟及常有水的湿式植草

沟，可分别提高径流总量和径流污染控制效果。

植草沟呈线性布局，是用以输送雨水径流并控制流量与提升水质的造景设施（图3-9、图3-10）。雨水径流在草沟中流动，通过植被与底层土壤过滤和渗透，能有效去除径流中多数的颗粒悬浮物与部分污染物质。与传统的排水沟相比，不仅能有效控制径流进入水体或径流外排前的污染物，同时也带来更多的生态与环境美化的效益。

植草沟的适宜性：

①植草沟线性布局形式适宜与道路结合，用来承接传输至路面的地表径流。

②适用于多种气候地区，湿润气候条件下可以减少管理维护，在干旱或半干旱气候下，要注

图3-9 植草沟

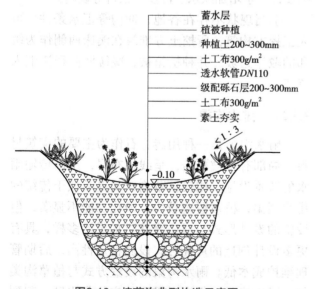

图3-10 植草沟典型构造示意图
（依住建部《海绵城市建设技术指南》改绘）

意植草沟的应用价值与植被需水量维护层面经济效益的平衡。

③不适宜应用在现状不透水地表过多的城市高密度开发建设区域，这些区域沿道路已经形成了高强度的地下管网设施。

④不适宜布置在径流污染严重的地方，诸如加油站、汽车站等地，以避免污染物质对地下水的影响。

⑤适宜设置在地表径流污染程度相对较轻，汇水区域较小，绿化覆盖度较大的公园、住区、学校、工业区或其他单位的附属绿地中，代替传统地下管网将雨水输送至指定区域或外排。

植草沟尽管有不同的设计形式，其在几何学上的特性都是相似的，断面为梯形或抛物线形，在设计用地充足时，边坡可尽量平缓，有利于减缓地表径流流速，降低水流对边坡的侵蚀，同时延长径流在边坡以及植草沟底部净化与渗透的时间。在植草沟上游区域需要设置一个填满卵石的预处理前池，用来过滤沉积物。两侧的边坡也可设置卵石，以分散流速并减小水流冲击。植草沟的纵坡设置缓和，并密集种植草本植被，同样有助于控制流速和实现净化，注意在种植植被之前要对植草沟的结构要进行加固，以延长使用寿命。

3.3.2.2 渗管和渗渠

渗管和渗渠一般指为拦截并收集重力流动的地下水而水平埋设在含水层中的集水管（渠道），又名截伏流（图3-11）。在海绵城市建设中，当道路条件不允许设置植草沟时可采用渗管、渗渠等设施转输雨水径流。

渗渠的规模和布置，应考虑在检修时仍能满足用水要求。集取河道表流渗透水的渗渠设计，应根据进水水质并结合使用年限等因素选用适当的阻塞系数。

位于河床及河漫滩的渗渠，其反滤层上部，应根据河道冲刷情况设置防护措施。

渗渠的端部、转角和断面变换处应设置检查井。直线部分检查井的间距，应视渗渠的长度和断面尺寸而定，一般可采用50m。

水流通过渗渠孔眼的流速，不应大于 0.01m/s。渗渠中管渠的断面尺寸，宜采用下列数据通过计算确定：水流速度为 0.5~0.8m/s；充满度为 0.4；内径或短边不小于 600mm。

3.3.2.3 旱溪

旱溪是一种模仿天然溪流形态与构成要素，溪床呈蜿蜒线性布局的造景设施，非永久性水体，雨季可盛水，旱季保持干涸状态（图3-12）。其有利于场地排水，可应对暴雨或季节性降雨所引发

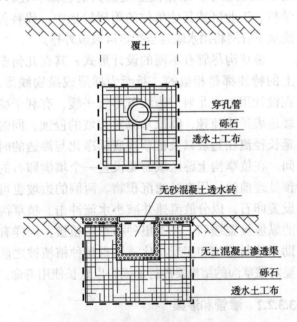

图3-11 渗管/渠典型构造示意图
（依住建部《海绵城市建设技术指南》改绘）

图3-12 旱溪

的积水问题，将雨水引导至指定区域。在土壤易遭冲刷处布置该设施可缓解表层土壤侵蚀，用其替代需水量大的草坪，可节约园区用水，同时具备环境美化效益、自然化的景观效果。

旱溪以卵石铺设的干涸溪床为主体，可适应潮湿、干燥、背阴的环境条件，与植草沟相比易于维护，但净化功能不显著，以雨水传输和景观营造为主导，其主要设计要点如下：

①溪床布满石块和卵石，较大的粗糙石块铺设在底部，小卵石则铺设在边缘，利于减缓径流流速，减轻冲刷侵蚀。

②溪床断面多为抛物线形，宽度应大于其深度，比例适宜控制在 2:1，宽度依据现状条件确定。

③设置蜿蜒的溪床路径，并在上游入水口处及转弯处增加床底宽度，铺设较大粗糙卵石或石块，减缓径流入流及转弯时对床底的冲刷。

④溪床下游出水口需增加溪床宽度，铺设细卵石，增加沉淀作用。

⑤溪床下垫面可铺设土工膜，上面用砂或砾石覆盖，避免杂草侵蚀，维持局部区域在雨季的盛水状态，也可不加铺设，保持自然渗透状态。

⑥基于现状谷地、冲沟或斜坡进行布置，依据设计需求增加跌水、汀步、景桥等设施。

⑦当现状不存在谷地、冲沟等汇水条件，可人工挖方构筑，所挖土方堆筑在溪床两侧作为缓和的驳岸边坡，并种植植被，减缓两侧径流汇入流速。

3.3.2.4 排水沟渠

雨水沟渠是一种用砖、石作为主要的砌筑材料，局部有植被覆盖，呈线性布局，用以传输雨水的造景设施。相较植草沟，其更类似于传统的排水明渠，植被覆盖较少，净化功能不显著，但设施的设计形式与材质表达更加灵活多样，具有更多设计创造的可能性，设施稳定性高，后期管理维护成本低。雨水沟渠的设置方式与植草沟类似，用于将径流集中引导至特定的集水区，起到雨水传输的作用。

与其他径流控制设施相比，雨水沟渠并没有固定的营造方式，其主要的设计要点如下：

①沟渠截面多呈矩形或梯形，深度一般100~450mm，宽度大于深度，渠底部及两侧均由砖、石等硬质材料砌筑，尽量选择可回收利用的本土材质，砌筑缝隙较宽，利于草本植被生长存活，底部保持自然渗透状态。

②沟渠侧壁可布置为台阶状，以提供休憩使用价值，底部铺设卵石或粗糙石块，减缓暴雨流速。

③沟渠布局依据用地条件、设计需求呈现直线、折线、蜿蜒曲线等多种方式，可结合坡地、台地分段设置，增加小型跌水景观。

④可结合挡土墙、景墙等构筑物营造，设置于墙体顶部，连接建筑落水管或铺装地面，将径流引导至水体，在墙体末端形成跌落水景。

3.3.2.5　渗透浅沟

植被渗透浅沟是指在地表沟渠中种有植被的一种工程性措施，一般通过重力流收集径流雨水。当雨水流经浅沟时，在沉淀、过滤、渗透、吸收及生物降解等共同作用下，径流的污染物被去除，达到隔水径流的收集利用和径流污染控制的目的。植被浅沟具有截污、净化和渗透的多种功能。当土质渗透能力较强时，可以设计以渗透功能为主的植被浅沟，称为渗透浅沟。

浅沟作为一种渗透设施，主要是在雨水的汇集和流动过程中不断下渗，达到减少径流排放量的目的，渗透能力主要由土壤的渗透系数决定，由于植物能减缓雨水流速，有利于雨水下渗，同时可以保护土壤在大暴雨时不被冲刷，减少水土流失。渗透浅沟自然美观，便于施工，造价低。由于径流中的悬浮固体会堵塞土壤颗粒间的空隙，渗透浅沟最好有良好的植被覆盖，通过植物根系和土壤中的昆虫，有利于土壤渗透能力的保持和恢复。

3.3.3　终端调控技术

3.3.3.1　湿塘

湿塘是指常年保持一定水域面积，能够储存、

净化、调节雨水径流的低洼水塘（图3-13）。湿塘主要包括进水口、前置塘、主塘、溢流设施、排水口等几个部分（图3-14）。湿塘具备雨水再利用的调节存储能力，起到滞留雨水、净化水体、调节径流、延长排放等作用，既可消减洪峰流量又能够将雨水作为补充水源进行存储，实现土地资源的多功能利用。湿塘结构中前置塘主要是对雨水预处理，过滤沉淀水体中颗粒较大的污染物。为使淤泥等物质易于处理，池底应选用混凝土等材质。主塘作为存储雨水及调节容积的区域应根据当地降雨及消减洪峰的目标能力对容积进行确认，主塘的驳岸坡度应不大于4∶1，且应采用生态驳岸，通过植物种植减缓径流。

湿塘一般由进水口、前置塘、主塘、溢流出水口、护坡及驳岸、维护通道等构成。湿塘应满足以下要求：

①进水口和溢流出水口应设置碎石、消能坎等消能设施，防止水流冲刷和侵蚀。

②前置塘为湿塘的预处理设施，起到沉淀径流中大颗粒污染物的作用；池底一般为混凝土或块石结构，便于清淤；前置塘应设置清淤通道及防护设施，驳岸形式宜为生态软驳岸，边坡坡度一般为1∶2~1∶8；前置塘沉泥区容积应根据清淤周期和所汇入径流雨水的悬浮物污染物负荷确定。

③主塘一般包括常水位以下的永久容积和储存容积，永久容积水深一般为0.8~2.5m；储存容

图3-13　湿　塘

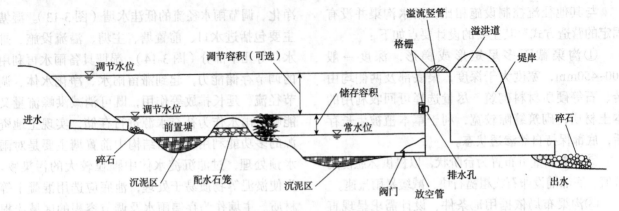

图3-14　湿塘典型构造示意图
（依住建部《海绵城市建设技术指南》改绘）

积一般根据所在区域相关规划提出的"单位面积控制容积"确定；具有峰值流量削减功能的湿塘还包括调节容积，调节容积应在24~28h内排空；主塘与前置塘间宜设置水生植物种植区（雨水湿地）；主塘驳岸宜为生态软驳岸，边坡坡度不宜大于1:6。

④溢流出水口包括溢流竖管和溢洪管，排水能力应根据下游雨水管渠或超标雨水径流排放系统的排水能力确定。

⑤湿塘应设置护栏、警示牌等安全防护与警示措施。

湿塘适用于建筑与小区、城市绿地、广场等具有空间条件的场地，可有效削减较大区域的径流总量、径流污染和峰值流量，是城市内涝防治系统的重要组成部分，但对场地条件要求较严格，建设和维护费用高。

3.3.3.2　雨水湿地

湿地根据形成原因的不同，可以分为自然湿地和人工湿地。人工湿地是人为建造的、专门用于净化水质或进行水量调节的湿地，其内部生态系统较自然湿地更为简易，比自然湿地有更强的应对水质和水量变化的能力。人工湿地根据不同的功能又可分为污水湿地和雨水湿地。

雨水湿地是人工建造的用于处理雨水径流污染和基于水量控制的沼泽区。它利用自然生态系

统中的物理、化学和生物的多重作用来实现对雨水的净化作用。根据不同的目的、内容、方法、建造方法和地点等，雨水湿地可分为不同的类型。按雨水在湿地床中流动方式的不同一般可分为表流湿地和潜流湿地两类。表流湿地在地下水位低或缺水地区，通常有不透水材料层的浅蓄水池，防渗层上充填土壤或砂砾基质，并种有水生植物，大部分有机污染物的去除是依靠生长在植物水下部分的茎、秆上的生物膜来完成。潜流湿地也称渗滤湿地系统，其一方面可以充分利用填料表面生长的生物膜、丰富的植物根系及表层土和填料截留等作用，以提高其处理效果和处理能力；另一方面由于水流在地表以下流动，故有保湿性较好、处理效果受气候影响小、卫生条件较好的特点。

雨水湿地利用物理、水生植物及微生物等作用净化雨水，是一种高效的径流污染控制设施，是用来管理雨洪、处理雨水的一种人工浅沼泽系统，是海绵城市低影响开发雨水系统的重要末端部分。根据规模和设计湿地还可兼有削减洪峰流量、调蓄利用雨水径流和改善景观的作用。

雨水湿地与湿塘的构造相似，一般由进水口、前置塘、沼泽区、出水池、溢流出水口、护坡及驳岸、维护通道等构成（图3-15）。每个区域结构、功能不同，从而达到理想的水量和水质控制效果。

雨水径流湿地处理系统是利用自然生态系统中物理、化学和生物的协调作用来实现对雨水径流的

处理。湿地系统机理复杂，各要素和成分以不同形式在空气、水、土壤和动植物这些载体之间循环。

3.3.3.3　渗透塘

渗透塘是用于实现雨水下渗并补充地下水的低洼地。调蓄能力较好的渗透塘主要包含进水口、前置塘、渗蓄塘、溢流口、排水口等部分（图3-16）。还有一些利用天然低洼地，在塘底铺设砂石等提高渗透性能的渗水性材料，这种渗透塘往往因地制宜、成本低、施工简单。

渗透塘对雨水主要起到下渗及截污净化的作用，它能及时储存雨水并将其通过下渗排入地下，补充地下水一般容水量较大并具较强的下渗能力。雨水汇入渗透塘的过程中首先经过前置塘对水体中的颗粒等污染物进行沉淀，然后汇集到主塘中进

行再次过滤和下渗。塘内沉积物的积累往往是导致其不能正常发挥渗透作用的主要原因，因此前置塘的设置尤为重要，同时为防止暴雨时雨水过量，应根据径流量和洪峰值设置溢流设施，以确保超过设计容积的水量能够顺利排出。此外，植物的选择也是对场地进行设计时需要充分考虑的问题。

渗透塘的面积一般较大，因此能对大量雨水资源进行集蓄储存，适用于汇水量较大的场地，而且由于其对雨水水质和预处理要求较低，能够为周边景观环境提供大量的雨水资源，适合在小区的绿地环境中结合水景或者湿生植被进行运用。同时渗透塘周边土壤也需要较好的渗透能力，每小时应有 2.5~250mm 的渗透速率。

渗透塘是利用地面低洼地水塘或地下水池对雨水实施渗透的设施。当可利用土地充足且土壤

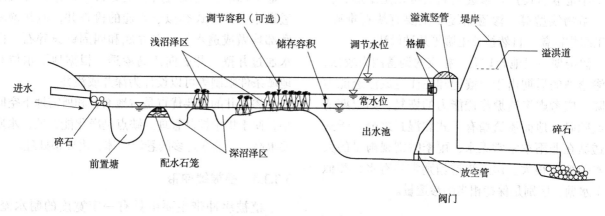

图3-15　雨水湿地典型构造示意图

（依住建部《海绵城市建设技术指南》改绘）

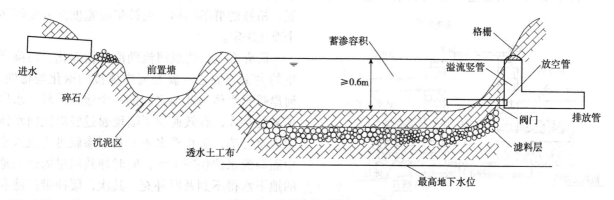

图3-16　渗透塘典型构造示意图

（依住建部《海绵城市建设技术指南》改绘）

渗透性能良好时，可采用地面渗透池。其最大优点是充填碎石砂渗透面积大，能提供较大的渗水和储水容量，净化能力强，对水质和预处理要求低，管理方便，具有渗透、调节、净化、改善景观、降低雨水管系负荷与造价等多重功能。缺点是占地面积大，在拥挤的城区应用受到限制；设计管理不当会造成水质恶化，蚊虫滋生和池底的堵塞，透水能力下降；在干燥缺水地区，当需维持水面时，由于蒸发损失大，需要兼各种功能作好水量平衡。适用于汇水面积较大（>1hm²）、有足够的可利用地面的情况。特别适合城市立交桥附近汇水量集中、排洪压力大的区域，或者新开发区和新建生态小区里应用。渗透塘一般与绿化、景观结合设计，充分发挥城市宝贵土地资源的效益。

渗透塘大小视水量和地形条件而定，也可以几个小池联合使用。渗透塘断面可以是矩形、梯形、抛物线型等。渗透塘堤岸主要有块石堆砌、土工织物铺盖、自然植被土壤等几种做法。

渗透塘一般池容较大，相应的调蓄能力较强，但渗透塘的后期由于土壤饱和往往造成渗透能力下降，应考虑渗透塘渗透能力的恢复，如定期清淤或晾晒。地面渗透塘有干式和湿式之分，干式渗透塘在非雨季常常无水，雨季时则视雨量的大小水位变化很大。湿式渗透塘则常年有水，类似一个水塘，区别是保持相当的渗透量。

3.3.3.4 渗井

渗井主要由具有渗透功能的侧壁、进水口、出水口、井底铺设的填充砂石组成（图3-17）。雨水通过渗井侧壁及下部的砂石向渗井周边及地下渗水。按照材料可分为砖砌、块石、混凝土、钢筋混凝土以及目前的新兴材料波纹管等多种类型。雨水通过排水管道直接流失，不能及时有效地补充地下水，导致水资源浪费，渗井以降低组合型渗井或排除上层地下水、将不透水层的雨水向下渗透为主要目的，减少开采导致地下水位有急剧下降的危险。渗井可以从源头消减雨水径流，通过管道收集雨水、调蓄洪峰的同时及时补充地下水，有效平衡了地面及地下的水量。渗井主要是通过自身的过滤及渗透能力对城市雨水进行就地下渗的同时对雨水进行净化。

渗透井包括深井和浅井两类，前者适用水量大而集中、水质好的情况，如雨季河湖多余水量的地下回灌。在城区后者更为常用，作为分散渗透设施。其形式类似于普通的检查井，但井壁和底部均做成透水的，在井底和四周铺设碎石，雨水通过井壁、井底向四周渗透。根据地下水位和地域条件限制等可以设计为深井或浅井。

渗透井的主要优点是占地面积和所需地下空间小，便于集中控制管理。缺点是净化能力低，水质要求高，不能含过多的悬浮固体，需要预处理。

3.3.3.5 植被缓冲带

植被缓冲带主要由具有一定宽度的耐水淹、耐旱，且对污染物有较好吸附作用的植物群落组成（图3-18）。植被缓冲带的功效往往由其空间位置、植被的群落结构、植被带的宽度及坡度等多个要素决定。

研究表明，造成河流湖泊富营养化、污染严重的主要原因之一就是河岸植被的退化与稀缺，河岸带是水体与陆地之间的一个缓冲区域，水岸植被的存在，有效遏制了陆地通过驳岸流向水体的雨水径流，防止雨水来不及下渗就迅速流入水中而导致水位快速上涨，同时导致河岸周边绿地的地下水得不到及时补充。其次，缓冲带过滤和减少了雨水径流携带的大量污染物质，降低了河流湖泊被直接污染的可能。

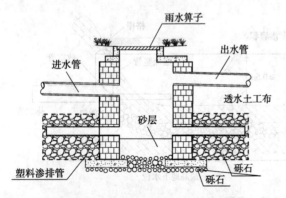

图3-17 辐射渗井典型构造示意图
（依住建部《海绵城市建设技术指南》改绘）

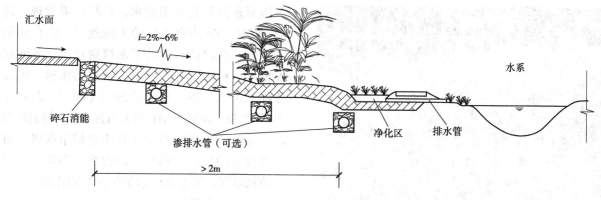

图3-18　植被缓冲带典型构造示意图
（依住建部《海绵城市建设技术指南》改绘）

植被缓冲带一般用于滨河绿带等沿河景观带，相当于位于河水及绿地两个斑块的边缘地带，板块之间的交叉边界地带为生物多样性提供大量的物质基础。也可置于不透水铺装周围作为预处理措施在雨水流进下凹绿地，生物滞留措施等海绵措施之前进行初步净化。植被缓冲带对场地坡度有一定的要求，适宜坡度 2%~6%，不宜过大，当河岸坡度大于 6% 时对雨水径流的缓解能力较弱。

3.3.3.6　河道原位生态修复技术

水是生命之源、发展之本，流域水污染防治、水环境治理是实现区域人与自然和谐的关键因素。现状水质为优良的"好水"可通过实施水生态净化及修复措施，恢复水生态系统结构和功能，确保水质保持稳定并进一步改善；现状水质为Ⅳ类、Ⅴ类的"中间"水体通过实施水生态净化措施，提升水体自净能力，可使水质持续改善提升到优良；现状丧失使用功能的"差水"在加强控源减排的同时，通过实施水生态净化及修复措施，可进一步削减水体污染负荷，保障水质达标。

河道水体生态净化是指使用综合方法，使河道恢复因人类活动的干扰而散失或退化的自然功能。河道水质净化技术可根据不同河道的情况分为原位水质净化技术和异位水质净化技术。河道水体原位净化技术可实现不占用河道以外的用地，改善河道水质，恢复水生态体系的目的。具有工艺成本低、不占地、有效削减水体污染物等特点，近年来相关研究和应用日趋广泛。以下重点介绍几种河道原位水体生态净化技术的研究与应用。

（1）河岸缓冲带

河岸缓冲带是指介于水域和陆域之间的生态过渡带，具有明显的边缘效应（图 3-19）。河岸缓冲带独特的地理位置及其植被体系，使其具有防止面源污染、净化水质、保持水土流失等多种功能。针对河岸缓冲带的研究逐渐成为国内外科研工作者研究的重点。国外学者研究发现，9.1m 宽的草地河岸带可消除 84% 的悬浮颗粒物，地表径流中总氮截留为 73%；另有研究结果表明，森林河岸缓冲带和草地河岸缓冲带能分别转化农田径流中氮素的 68% 和 48%。河岸缓冲带临近河内种植水生植物对河水水质也具有一定的净化效果，王庆海等对几种水生植物的净化能力进行比较的研究表明，芦竹、荻、菖蒲、芦苇、水生鸢尾、千屈菜、野慈姑的净化能力依次从强到弱。此外，芦苇的净化效果也极佳。河岸带植被根系与土壤的相互作用增加了根际土层的机械强度，甚至可以直接加固土壤，起到固土护坡的作用，同时河岸缓冲带还具有营造河道走廊、提供生物栖息地、改良土壤生境等功能。

（2）生态滤坝

生态滤坝是用砾石或碎石在河道中适当位置人工垒筑坝体（图 3-20），生态滤坝的主要作用包括：①净化效果，利用植物、基质和微生物的共同作用，去除径流中的营养物质；②复氧效果，生态滤坝前后的水位具有一定的高差，增加河道的紊动性，进而起到一定的复氧效果，增加河道

图3-19　河岸缓冲带

图3-20　生态滤坝

的自净能力；③抬高水位，使得后续的处理单元处于自流状态，尽量减少能耗；④调控渗流量，在保证设计流量和容积的基础上，尽量增加径流在整个系统的停留时间。

生态滤坝，主要有透水坝、滤水坝、生态坝等类型。例如：进入水库前设置滤水坝，利用滤水坝的净化作用，可以提高入库水质；结合人工

湿地原理开发透水坝技术，运行结果发现，透水坝对 TN、TP 均有明显的去除效果；结合河道水文特征，在河道内设计了多级透水坝，各滤坝间配置水生植物，有利于减缓河道的水速，可以有效降低河水浊度，提高溶解氧（DO），尤其在夏季对 COD、氨氮（NH_3-N）、TN 和 TP 的去除率最高，可维持在 20% 以上；在山地城市次级河道透水坝背水面建设梯形复式结构的生态坝，可以起到跌水曝气、增加水体溶解氧含量的作用。

（3）生态浮岛

生态浮岛主要作用是水体净化与修复、为水生生物和鸟类提供栖息场所、构建健康的水生态系统、营造水上景观。生态浮岛主要分为人工浮岛（人工浮床）、生态浮岛、复合生态浮岛等（图3-21）。例如，采用人工浮岛技术在太湖五里湖的工程实例研究表明，浮岛对污染物的去除率为TP10.3%、TN8.1%、氨氮（NH_3-N）18.1%；复合强化净化生态浮床（黄菖蒲＋组合填料＋三角帆蚌）对污水中 N、P 的去除率分别可以达到 85.70% 和 61.57%；以竹制填料和美人蕉构建的复合生态浮床，在曝气条件下，对浊度、氨氮、COD 和总磷的平均去除率分别可达 84%、63%、46% 和 50%。

（4）生物膜净化

生物膜净化技术主要是通过载体固定化微生物膜技术，如生物飘带技术、固定化微生物膜术、生物生态净化基等。例如，金立建等采用生物飘带技术进行河道水质净化处理，经自然挂膜，对 COD、氨氮去除量分别可达 1608、246kg/d。程尘利用生物飘带技术在新洲河河道内建设分散污水处理设施，对黑臭水体消除作用明显；此外，卵、砾石生态河床应用在河道原位水质净化和生态修复中，对氨氮和总磷的截留率均较高。

（5）水生植物修复

水生植物修复技术是利用水生植物的自然净化原理达到净化污水降低污染负荷的目的（图 3-22）。水生植物具有很强的纳污、治污生态功能，可以有效地对污染水体进行修复。例如，相关学者对水雍菜和水芹菜净化受污染水体的效果进行了研究，发现这两种水生经济植物对 TN、

TP 的去除率都达到 80% 以上。

3.3.4 海绵设施比较

低影响开发海绵设施往往具有补充地下水、集蓄利用、削减峰值流量及净化雨水等多个功能，可实现径流总量、径流峰值和径流污染等多个控制目标，因此应根据城市总规、专项规划及详规明确的控制目标，结合汇水区特征和设施的主要功能、经济性、适用性、景观效果等因素灵活选用低影响开发设施及其组合系统。海绵设施比选见表 3-1 所列。

图3-21 生态浮岛

复习思考题

1. 简述现代生态雨洪管理的概念内涵及其时代背景。

2. 归纳总结城市绿地在生态雨洪管理中的作用与地位。

3. 结合具体案例，对国外现代雨洪管理理念体系和措施策略进行总结，并分析其借鉴意义。

4. 简述我国海绵城市的理念内涵与发展历程。

5. 基于绿色雨水基础设施"源—汇"调控理论，总结现代生态雨洪管理的技术措施途径及其比选适用性。

推荐阅读书目

1. Green Infrastructure. Benedict, Mark A., Edward T., et al., Island Press, 2006.

2. 海绵城市建设技术指南——低影响开发雨水系统构建（试行）. 中华人民共和国住房和城乡建设部 . 2014.

3. 15MR105 城市道路与开放空间低影响开发雨水设施 . 中国建筑标准设计研究院 . 中国计划出版社，2016.

4. LID 低影响开发：城区设计手册 . 阿肯色大学社区设计中心（UACDC）. 江苏凤凰科学技术出版社，2017.

5. 海绵城市建设中的绿色雨水基础设施 . 王思思，杨珂，车伍等 . 中国建筑工业出版社，2019.

图3-22 水生植物净化

表 3-1　海绵设施比选一览表

单项设施	功能					控制目标			处置方式		经济性		污染物去除率（以SS计，%）	景观效果
	集蓄利用雨水	补充地下水	消减峰值流量	净化雨水	传输	径流总量	径流峰值	径流污染	分散	相对集中	建造费用	维护费用		
透水铺装	○	●	◎	◎	○	●	◎	◎	√	—	低	低	80~90	—
透水水泥混凝土	○	◎	◎	◎	○	◎	◎	◎	√	—	高	中	80~90	—
透水沥青混凝土	○	◎	◎	◎	○	◎	◎	◎	√	—	高	中	80~90	—
绿色屋顶	○	○	◎	◎	○	◎	◎	◎	√	—	高	中	70~80	好
下沉式绿地	○	●	◎	◎	○	●	◎	◎	√	—	低	低	—	一般
简易生物滞留设施	○	●	◎	◎	○	●	◎	◎	√	—	低	低	—	好
复杂生物滞留设施	○	●	◎	●	○	●	◎	●	√	—	中	低	70~95	好
渗透塘	○	●	◎	◎	○	●	◎	◎	—	√	中	中	70~80	一般
渗井	○	●	◎	○	○	●	◎	◎	√	√	低	低	—	—
湿塘	●	○	●	◎	○	●	●	◎	—	√	高	中	50~80	好
雨水湿地	●	○	●	●	○	●	●	●	√	√	高	中	50~80	好
蓄水池	●	○	◎	○	○	●	◎	◎	—	√	高	中	80~90	—
雨水罐	●	○	◎	○	○	●	◎	◎	√	—	低	低	80~90	—
调节塘	○	○	●	◎	○	○	●	◎	—	√	高	中	—	一般
调节池	○	○	●	○	○	○	●	○	—	√	高	中	—	—
转输型植草沟	◎	○	○	◎	●	◎	○	◎	√	—	低	低	35~90	一般
干式植草沟	○	●	○	◎	●	●	○	◎	√	—	低	低	35~90	好
湿式植草沟	○	○	○	●	●	○	○	●	√	—	中	低	—	好
渗管/渠	○	◎	○	○	●	◎	○	◎	√	—	中	中	35~70	—
植被缓冲带	○	○	○	●	—	○	○	●	√	—	低	低	50~75	一般
初期雨水设施	◎	○	○	●	—	○	○	◎	√	—	低	中	40~60	—
人工土壤渗滤	●	○	○	●	○	○	○	◎	—	√	高	中	75~95	好

注：1.●——强　◎——较强　○——弱或很小；

　　2.SS 去除率数据来自美国流域保护中心（Center For Watershed Protection，CWP）的研究数据。

［引自住建部《海绵城市建设技术指南——低影响开发雨水系统构建（试行）》］

第4章
雨水景观设计原理与方法

4.1 雨水景观设计要素

雨水景观设计目的是以模拟或重塑场地开发前的水文形态来保护雨水景观环境，提供环境改善措施并维护其生态完整性，通过工程与景观设计手段充分发挥场地"海绵体"潜力，营建科学性与人文美学兼具的雨水"适应性"景观环境。通常情况下，其设计要素涉及植物、山石、建筑、水体传统园林设计要素，除此之外，其设计要素的重点更在于竖向设计、雨水设施设计以及建筑小品设计等相关内容。

4.1.1 场地竖向设计

整个场地的竖向设计是雨水景观设计的重点，由于地表雨水径流需要借助地形进行排除，因此场地的自然地理形式上要高低错落，不能过于平坦。竖向规划应结合地形、地质、水文条件、年降雨量及地面排水方式等因素合理确定，并与防洪、排涝规划相协调。利用模型模拟的方法，对现状和规划道路的控制高程进行模拟评价。通过城市竖向和土壤条件分析，识别场地现有竖向条件下的低洼区和潜在湿度区域，提出相应的竖向设计策略。划分排水与汇水分区，明确各排水、汇水分区的主要坡向、坡度范围。通过竖向分析确定各个排水、汇水分区主要控制点高程、场地高程、坡向和坡度范围，并明确地面排水方式策略和径流组织路径。

4.1.2 雨水设施设计

雨水景观设计过程中，为使得城市绿地能够

像海绵一样，在适应环境变化和应对自然灾害等方面具有良好的"弹性"，下雨时吸水、蓄水、渗水、净水，需要时将蓄积的水"释放"并加以利用。在建设的过程中，首先强调利用绿色、生态化的"弹性"或"柔性"设施，并注重与传统的"刚性"灰色设施进行有效衔接。通过"刚柔并济"，建立和完善城市不同尺度与等级的"海绵体"体系，强化对城市径流雨水的排放控制与管理。雨水景观的建设，关键在于不断提高"海绵体"的规模和质量，对城市"海绵体"进行有效的保护，充分发挥"海绵体"的蓄积、净化功能（图4-1）。

4.1.3 植物景观设计

植物景观设计方面，在保证景观性的前提下，首先要挑选耐水、耐湿且耐旱、具有较好水质净化效果的植物种类。其次，芦苇、香蒲等植物对于雨水中的污染物具有降解和去除的能力。因水量与降雨息息相关，存在满水期与枯水期交替出现的现象，因此种植的植物也要有一定的抗旱能力。最后，不同植物的合理搭配可以提高对水体的净化能力。可将常绿乔本与落叶乔本混合种植，草本植物与木本植物搭配种植，提高植物群落的结构层次和观赏性（图4-2）。

4.1.4 建筑小品设计

雨水景观在建筑上也有具体的应用，当雨水来临时，建筑屋顶产生的径流也是导致城市内涝的重要原因之一。因此，将城市的建筑屋顶改为

图4-1　雨水设施效果图

图4-2　植物组群效果图

"绿色屋顶"，能有效缓解城市雨水径流压力、缓解城市热岛效应、提高城市整体的绿化率、提升城市景观。新建建筑一般情况下设计屋顶花园，并且在防水上需要做特殊的处理。小品构筑物等需要有防水处理，最好具有引流指导作用，并结合雨水流程形成丰富的水景观。

4.2　雨水景观设计核心内容

4.2.1　海绵雨水系统的体系构建

在不同尺度和维度上对海绵体的类型、规模、布局、结构等进行系统性的保护和规划设计，形成完整的海绵体有机网络体系，包括：宏观尺度的"山、水、林、田、湖"大海绵系统、中观尺度

的末端核心集中式调控的 BMPs 公共海绵体（中海绵）系统，以及微观尺度的就地分散式调控的 LID 小海绵系统。

（1）宏观层面

识别和保护区域"山、水、林、田、湖"等自然空间要素，对城市原有自然生态系统尤其是重要河流、生态保护廊道（重要道路生态廊道）、生态隔离与缓冲区等进行系统性保护，强调景观格局与过程之间的相互关系与耦合机制，运用生态敏感性与景观指数（连通性、多样性、异质性等指数）的定性与定量相结合的分析方法，构建区域尺度的海绵城市雨洪景观安全格局，进而实现对区域水文生态过程的有效控制，维护城市生态过程的完整性，保障整体生态系统服务的发挥。

（2）中观层面

公共海绵体在整个海绵城市建设中发挥着非常重要的功能和作用，其建设、管理和维护一般由政府主导、市政部门负责。结合绿地系统规划，构建功能、等级分明的水系空间布局，建设"点—线—面"结合的绿色空间布局（公共绿地、生产防护绿地、林地山体等），依托城市水体和绿地等公共海绵空间，结合各排水分区的自然地理环境、土地利用类型与下垫面特性，确定适合的调蓄设施类型与规划设计策略，建设自然雨水湿地（表流）、雨水塘、人工湿地（潜流、垂直流）等以及大型调蓄设施和调节设施、应急排涝通道等灰色与绿色相结合的末端调蓄设施，明确各类型公共海绵体设施的位置、功能、服务范围和规模，形成满足"水安全、水环境、水生态、水资源、水景观、水文化、水经济"等"七位一体"、目标与功能完善的公共海绵设施布局。

（3）微观层面

LID 海绵体是每个土地开发单元或地块的就地/分散式、源头与过程控制的小型海绵体，其建设、管理和维护一般由政府委托或要求建设方、业主（使用者）承担。LID 设施主要包括绿色屋顶、透水路面、植被浅沟/渗透沟渠、下凹式（低势）绿地、高位花坛、生态树池、雨桶、雨水花园（生物滞留设施）等。以城市规划指标值为基

础，结合各排水分区建设需求与下垫面分析，综合考虑各分区的水系统问题、土地类型、用地潜力、建设密度等主要因素，将年径流总量控制率、面源污染削减率、增加峰值流量径流系数、水面率、雨水利用替代城市供水比例、当量有效透水面面积、径流排放增长率等规划控制指标分解到各个地块，完成各地块 LID 海绵体的定量规划，包括 LID 设施的功能、类型以及体量、结构等。

4.2.2　基于雨水景观的源头设计

源头环节的主体核心在于对城市下垫面环境中产生雨水、地表水堆积和地表径流开始区域，进行第一阶段的雨水管理，其手段主要包括促进雨水自然渗透和加强雨水滞留两方面。源头环节设计应该以低环境影响为主，在设计开发中一方面通过景观处理，加强雨水渗透，补充地下水循环，将地表水和地下水有机串联，形成局部小循环，从而改善局部区域小气候，稳定整体生态效益；另一方面，加强雨水滞蓄利用，在充分考量相关场地实际条件和不损坏自然水文条件的影响下，提升雨水蓄留空间，并且对周围进行改造，形成水文生态景观。

（1）自然渗透设计

生态绿地景观的设计必须严格遵照整体景观比例类型和相关景观面积大小，科学合理控制绿地面积和绿地植物软硬景观比，做到集观赏性和实用性于一体，切实保障雨水的自然渗透能力。在整体设计中，设计者必须合理设置硬质场地，适当缩减景观回路的宽度，为后续透水材料铺装提供便利条件。除此以外，合理生态绿地设计还能保证景观层次，将树本、草本植物根据外观特性进行合理组合，保证大面积生态绿地，增强雨水吸收，从而疏导地表径流，缓解强降雨时城市规划和水文局的经济负担。

为了增强雨水渗入效果，还需要应用透水材料，进行雨水渗透设计。雨水透水铺装材料主要指具有一定孔隙，具有较强渗水性和透气性的平面介质材料。在城市雨水淤积绿地吸湿和传递过程中，有效缓解雨水阻塞情况，缓解地表径流，

促进雨水下渗，及时补充地下水资源。对此在雨水生态景观设计中，除了生态绿地，在景观其他地方如过道、广场、生态停车场等场地，根据对比试验记录的相关数据显示，铺装了透水材料的绿地道路比没有铺装的区域对降雨径流缩减能力提升了 50% 以上。除此以外，透水材料所包含的透水砖、透水混凝土等材料，与土壤物理生存态势相近，为绿地植物生长及土壤微生物的生存提供外在保护，促进绿地植物生长，保证整体生态景观循环性。

（2）雨水滞留设计

雨水滞留设计主要可以通过屋顶花园和生物滞留设施来体现。由于城市建筑密度较高，大型空白区域较少，所以生态景观雨水蓄流工作更多是依靠屋顶空间。而屋顶花园设计是利用小型植栽以及相关设施小品，对建筑屋顶进行生态美化。这样的设计不仅可以承接一定降雨，用于对植物进行灌溉，还能美化环境、净化空气。而屋顶蓄水池的建立是指在屋顶利用雨水建立景观化水景，既可以提升雨水蓄水量，为后续雨水处理打下基础，又能初步利用雨水资源，丰富生态景观，并起到散热降温的作用。

生物滞留设施指在地势较低的区域，通过植物、土壤和微生物系统蓄渗、净化径流雨水的设施。生物滞留设施分为简易型生物滞留设施和复杂型生物滞留设施，按应用位置不同又称作雨水花园、生物滞留带、高位花坛、生态树池等。生物滞留设施形式多样、适用区域广、易与景观结合、径流控制效果好，建设费用与维护费用较低；但地下水位与岩石层较高、土壤渗透性能差、地形较陡的地区，应采取必要的换土、防渗、设置阶梯等措施避免次生灾害的发生，这将增加建设费用。

4.2.3　基于雨水景观的过程设计

过程设计主体主要在于雨水资源的运输工作，承接景观开端和终端，除了保证雨水径流通畅外，还应遵循场地多功能原则。一方面在雨水资源运输过程中通过植物本体和微生物作用及地表过滤、

渗透、沉积等物理效应进行雨水过滤，为景观处理提供视觉效果；另一方面通过传输，降低流速，扩大径流面积，防止径流淤积，减少城市洪涝灾害发生的可能性。

（1）雨水传输净化过滤系统设计

雨水传输净化过滤系统主要由植草沟和植被缓冲带两部分组成。

植草沟以草本植物为主，是利用植草植物组成线性景观排水系统，可以进行雨水收集、输送径流、雨水净化等工作。在生态景观设计中，植草沟大多设计在景观园路周围，其本身不仅具有高强度渗透性，还可以在周围绿地水分吸收饱和时，进行径流疏导，将未能及时吸收的水分吸入自身并在吸附过程中过滤雨中悬浮颗粒物和溶解性杂质，起到雨水过滤作用。

而植被缓冲带是指一种广泛应用于生态景观，尤其是生态绿地的一种带状雨水收集、净化、疏导作用的生态设施。与植草沟不同的是，植被缓冲带的面积更加广阔，常规宽度大于2m，常设立在生态景观主体四周，包含的绿化植物种类也更加丰富，综合净化能力更强。在生态景观中，植被缓冲带还经常用于生物滞留，可以作为城市生活和生态景观之间的缓冲区，具体坡度设计小于15°，能保证净化效果。

（2）雨水路径动态景色设计

雨水生态景观应考虑设计雨水瀑布和景观旱溪，一动一静两种生态景观。雨水瀑布是雨水资源主体利用的核心，也是生态景观最具感染力的景色之一。雨水瀑布的设计充分利用雨水自由落体的动能，为保证视觉效果，在出水口还可以架设出水泵，增加水压，确保瀑布喷薄时的震撼力。水泵电力由水池底的微型水利电机提供，使雨水瀑布完全不需要额外供电，避免电力浪费和经济消耗。在瀑布景观设计中，瀑布具体表像可以为直瀑、跌水、喷瀑等，这些瀑布形式都可以由人工调节，根据不同的氛围需要，展现不同景色。这项设计不仅充分利用了雨水资源，丰富了景观景色内容，还能利用瀑布产生水利动能，提供生态景观能源，节约电力成本。

景观旱溪是指在常态下没有水的水池或溪床，通过将植物进行合理配置和石制景观的雕琢，形成一种置身溪水的错觉。在旱季，旱溪可以提升生态景观意境氛围，为周围群众提供娱乐场所；到了雨季，旱溪蓄水后，也可以与湿地静态水景和雨水瀑布相得益彰。

4.2.4 基于雨水景观的终端设计

生态景观终端环节的核心是雨水再收集。与景观初段不同，终端的收集更多的是为了调蓄水资源。景观终端在雨水处理上应谨遵"恢复自然，模拟自然"的原则，做好生态系统整体调配工作。通过自然模拟调配和自然式设计，可以恢复区域自然环境，降低区域污染，对已经破坏的水文功能进行修复，进而恢复整个景观区域的水文循环。后续景观包括雨水池（湿塘、渗透塘等）和雨水区（雨水滞蓄区、雨水湿地等），可以建设成景观公园或绿地调节区域气候，也可以作为知识普及场所，向社会大众展示环境保护的重要意义。

（1）景观生态型终端雨水设施设计

景观美化蓄存主要指对前两段的生态景观未能吸收的雨水进行再次收集。具体以建立景观雨水池和多功能雨水区为主体。景观雨水池经常用于校园、居民区或大型企业厂区等内部的公共空间，是一种占地面积较大的雨水池塘类景观。雨水湿地是将雨水进行沉淀、过滤、净化、调蓄的湿地系统，同时兼具生态景观功能，通过物理、植物及微生物共同作用达到净化雨水的目标。雨水湿地利用物理、水生植物及微生物等作用净化雨水，是一种高效的径流污染控制设施，雨水湿地分为雨水表流湿地和雨水潜流湿地，一般设计成防渗型以便维持雨水湿地植物所需的水量，雨水湿地常与湿塘联动设计、建设。雨水湿地与湿塘的构造相似，一般由进水口、前置塘、沼泽区、出水池、溢流出水口、护坡及驳岸、维护通道等构成。

在具体设计过程中，根据场地、资金、水资源等多方面因素进行考量，本着经济实用的原则展开终端雨水设施设计。场地选择上可以优先利用天然坑底、池塘以减少工程量。池塘建好后，通过在底部运用砂石、土壤、渗水铺盖材料，保证水底空气流通和雨水地下渗漏，即便遇到暴雨，也可以就地蓄水，进行再利用。多功能雨水区是以生态绿地为主，自然环境下的绿地具有调节区域气候的功效，城市生态雨水湿地的修建，可以改善城市污染，净化城市空气，保护居民呼吸系统健康。

（2）雨水生态景观教育系统设计

雨水生态景观的设计虽然在一定程度上可以保护自然环境，但并不能起决定作用。生态健康的根本是环境保护思想的普及和人类自身的自律。生态环境保护教育普及的设计可以让更多人体验洁净自然环境之余，引起环境保护共鸣，提升环境保护意识。因此，应注重围绕雨水景观的生态科普教育标识与展示、宣传系统的设计。

4.3 雨水景观设计目标与指标

4.3.1 雨水景观设计目标

雨水作为城市水循环系统中的重要环节，对调节地区水资源和改善生态环境极为关键。可持续的雨水景观设计中关于水的核心目标，是要整合水、植物、土壤等要素来系统性地管理、保护和恢复雨水资源，并利用这一重要的自然资源。

加大城市径流雨水源头减排的刚性约束，优先利用自然排水系统，建设生态排水设施，充分发挥城市绿地、道路、水系等对雨水的吸纳、蓄渗和缓释作用，使城市开发建设后的水文特征接近开发前，有效缓解城市内涝、削减城市径流污染负荷、节约水资源、保护和改善城市生态环境，为建设具有自然积存、自然渗透、自然净化功能的海绵城市提供重要保障。

4.3.1.1 总体目标

城市雨洪管理可分为水量管理、水质管理、水生态管理和可持续管理。Fletcher 等总结了城市雨水管理的主要目标为：①以可持续的方式管理控制城市水循环过程；②尽可能地维持天然状态下的径流体制；③保护和修复水质环境；④保护和修复水体生态系统；⑤雨水资源化利用；⑥强化城市景观设计和基础设施建设。结合中国正在开展的城市排水（雨水）防涝综合规划编制工作，国内城市雨洪管理的基本目标主要是雨水径流量控制、雨水污染控制和雨水资源化利用。

（1）雨水径流控制

雨水景观对于削减径流、雨水滞留和渗透有着积极的作用，国内外均研究表明植物根系有助于维持土壤长期的渗透性能，未种植植物的土壤，渗透性能会逐渐下降，且难以自我恢复，而种植植物的土壤，其渗透性能开始会下降，之后随着植物根系的生长逐渐恢复并趋于稳定。乔木、灌木、草本的雨水截留量和持水能力有明显差别。雨水截留量通常乔木＞灌木＞草本，有研究表明在天然乔木复层林内乔木的林冠截流量可占总截流量的 50%~60%，灌木占 20%~30%，草本占 10%~15%。根据国内的相关研究，植物群落中乔木持水量占整个群落持水量的 93.66%，为持水主力。因此如果要增强植物景观径流量控制能力，群落构建时应多使用乔木。对于不同群落结构、物种搭配模式下的径流量控制率的实证研究还有待进行。

（2）雨水污染控制

径流污染控制是开发雨水系统的控制目标之一，既然径流污染控制是低影响开发雨水系统的控制目标之一，既要控制分流制径流污染物总量，也要控制合流制溢流的频次或污染物总量。各地应结合城市水环境质量要求、径流污染特征等确定径流污染综合控制目标和污染物指标，污染物指标可采用悬浮物（SS）、化学需氧量（COD）、总氮（TN）、总磷（TP）等。城市径流污染物中，SS 往往与其他污染物指标具有一定的相关性，因此，一般可采用悬浮物作为径流污染物控制指标，低影响开发雨水系统的年悬浮物总量去除率一般可达到 40%~60%。考虑到径流污染物变化的随机性和复杂性，径流污染控制目标一般也通过径流总量控制来实现，并结合径流雨水中污染物的平均浓度和低影响开发设施的污染物去除率确定。

（3）雨水资源化利用

雨水收集利用景观的核心功能是在对雨水的收集利用上，要以实现这一功能为前提进行。这个功能实现过程体现在实际中就是通过单独或者多个雨水收集利用设施组成的群系统来实现雨水的滞留、净化、回补地下水和其他用水的回用。通过这一过程来实现城市总体水利用率的提升，改善减缓城市的热岛效应、地下水位下降，调整城市微气候，减少地面经流污染等问题，改善城市整体的生态环境。

4.3.1.2 具体目标

（1）水生态

要求城市建设在识别林地、河湖水系、湿地等重要生态节点，保障区域生态空间的基础上，落实低影响开发建设理念，源头控制雨水径流，修复自然水文和生态系统。保证生态的健康稳定和可持续性。

（2）水安全

从供水安全保障出发，明确水量需求，水厂管网布局，保障城市供水安全可靠；从城市防洪排涝安全出发，开展河道综合整治，内河点污染治理等，避免出现引发事故的内涝灾害和水污染，构建城市水安全工程体系。

（3）水环境

水环境包括环境修复和污染控制。需要开展河道、岸线生态修复，提升水系生态修复能力及水环境容量，从点源污染和面源污染出发，明确污水处理厂、管网布局，水质目标及面源污染控制目标及策略。

（4）水资源

水资源强调水的供给分配与再利用。要求分析用户使用需求，从再生水利用、雨水资源化利用出发，提出切实可行的水资源利用方案。

4.3.2 雨水景观设计指标

雨水景观设计的指标可分为：水生态、水环境、水资源、水安全几大类（表4-1）。

表 4-1 雨水景观设计的相关指标

具体目标	雨水景观设计相关指标
水生态	地块年径流总量控制率
	地块透水铺装率
	下沉式绿地率
	生物滞留设施控制率
	绿色屋顶率
	单位面积控制容积
	生态岸线恢复
	地块天然水面保持率
水环境	地块水环境质量标准
	地块雨污分流设施
	径流污染控制设施
	合流制截污设施和溢流污染控制设施
水资源	地块污水再生水利用量和设施
	地块雨水资源利用率
	老旧公共供水管网改进完成率
水安全	雨水管设计重现期
	排水设施
	内涝防治标准和设施
	防洪标准和设施

［引自《海绵城市建设绩效评价与考核办法（试行）》］

4.3.2.1 水生态指标

（1）地块年径流总量控制率

本指标是地块内根据多年日降雨量统计数据计算，通过渗入、贮存、蒸发等方式，累计全年得到不外排的雨量占全年总降雨量的比值，当地径流总量应达到《海绵城市建设技术指南低影响开发雨水系统构建（试行）》规定的年径流总量控制要求，年径流总量控制率一般为下限值，即需大于或等于规定值。属于强制性指标。

（2）地块透水铺装率

本指标指透水铺装用地面积占用地总面积的比例，透水铺装主要有：透水水泥混凝土、砖砌和边水沥青混凝土、嵌草砖、园林铺装中的卵石、石铺装等。规定的透水铺装率为下限，即需大于或等于定值。属于引导性指标。

（3）下沉式绿地率

下沉式绿地指低于周边铺砌地面或者道路，具有一定的调蓄容积，可用于滞留渗透径流雨水的绿地。下沉绿地深度一般为 10~200mm，深度小于 100mm 的绿地面积不计算在内。下沉式绿地率指地块内下沉式绿地面积占绿地总面积的比例。规定的下沉式绿地率为下限值，即需大于或等于规定值。属于引导性指标。

（4）生物滞留设施控制率

生物滞留设施控制率是对下沉式绿地率的优化，指地块内设置的生物滞留设施总面积占地块面积的比例。生物滞留设施指在地块地势低，通过植物、土壤和微生物系统渗、蓄、净化径流雨水的设施，分为简易型和复杂型，按应用位置可设计成雨水花园、生物滞留带、高位花坛、生态树池等。规定的生物滞留设施控制率为下限值，即需大于或等于规定值。属于引导性指标。

（5）绿色屋顶率

本指标指具有雨水滞蓄功能的绿化屋顶面积占建筑屋顶总面积的比例。规定的绿色屋顶率为下限值，即需大于或等于规定值。属于引导性指标。

（6）单位面积控制容积

本指标是指根据径流总量控制目标，单位汇水面积上所需低影响开发设施的有效调蓄容积。确定的指标为下限值，即需大于或等于规定值。属于引导性指标。

（7）地块生态岸线要求

地块生态岸线要求是指地块范围内上位现划蓝线或相关规划确定生态岸线的分布情况。它要求图形和文字相结合，描述地块内自然生态岸线的位置、长度、断面形式、改造措施等。属于引导性指标。

（8）地块天然水面保持率

地块天然水面保持率是指地块范围内天然承载域功能的区域面积占地块总面积的比例，同时规划这一比例在不同年份的变化值。属于引导性指标。

4.3.2.2　水环境指标

（1）地块水环境质量标准

本指标为控制和消除污染物对水体的污染，根据水环境长期和近期目标而提出的质量标准，明确提出水体不黑臭的要求。确定的指标为下限值，即需优于或等于规定值。属于强制性指标。

（2）地块雨污分流设施

本指标是指各用一条管道输送雨水和污水进行排放或后续处理采用的工程设施。它要求图形和文字相结合，描述地块内雨污分流设施的位置、规模、建造形式等，属于引导性指标。

（3）径流污染控制设施

为降低雨水径流污染，根据不同的地区和不同的城区功能布局，应依据各自的实际特点采用不同的防治措施。本指标包括雨水湿塘、调蓄池、透水铺装、植草沟、滨水缓冲区、绿色顶、水桶/罐、渗渠生物滞留设施，以及雨污合流体系中污水处理厂的就地调蓄和雨季专用系统等，为达到径流污染控制的整体目标，受到人口规模、用地性质和规模开发程度、管网设施建设情况、景观和谐程度等因素影响，多种径流污染控制措施通常要组合使用。多种设施可以有多种组合方式，以及多种空间布局方式，相应的污染控制效果和成本也有差异。本指标要求图形和文字相结合，描述地块内各类径流污染控制设施的组合方式、位置、规模、建造形式等。属于引导性指标。

（4）合流制截污设施和溢流污染控制设施

本指标是指截留合流制管渠将雨污合流水输送至污水处理厂所采取的工程措施；溢流污染控制设施是指减截留式合流制管渠系统流进入收纳水体的污染物总量所采取的工程措施。这类指标适用于截盲式合流制排水的地块，本指标要求图形和文字相结合，描述地块内本类设施的位置、规模、建造形式等。属于引导性指标。

4.3.2.3　水资源指标

（1）地块污水再生水利用量和设施

本指标是指地块内的污水再生利用总量，及

为其供水的处理设施、管道及输配设施等设施的规划建设要求。地块污水再生水利用量、地块污水再生水需求总量，根据上位规划确定的城市再生水利用率确定：地块污水再生水设施指标要求图形和文字相结合，描述地块内污水再生水利用设施的位置、规模、建造形式等。属于引导性指标。

（2）地块雨水资源利用率

本指标指收集水作为水源，采取净化施达到标准水质后，用于工农业生产、绿化浇灌、道路市政杂用等的雨水量，所替代的自来水比例。规定的雨水资源利用率为下限值，即需大于或等于规定值。属于引导性指标。

（3）老旧公共供水管网改进完成率

本指标是指规划年限内，按照《城镇供水管网运行、维护及安全技术规程》（C207—2013）规定，规划地块内计划改造的老旧公共供水管网长度占老旧公共供水管网总长度的比例。确定的指标为下限值，即需大于或等于规定值。属于引导性指标。

4.3.2.4 水安全指标

（1）雨水管设计重现期

本指标是在确定的统计期间，不小于某统计对象出现一次的平均间隔时间。本指标应根据当地汇水情况、地形地貌和气候特征等确定。同一排水系统可采用同一重现期，也可采用不同重现，确定的指标重现期为下限值，即需大于或等于规定值。属于强制性指标。

（2）排水设施

包括满足相应设计暴雨重现期标准的雨水管渠、泵站、调蓄池、生态沟渠、多功能调蓄设施及其附属设施，本指标要求图形和文字相结合，挡述地块内各类排水设施的组合方式、位置、规模、建造形式等。属于强制性指标。

（3）内涝防治标准和设施

本指标指用于防止和应对地块内涝防治设计现期降雨产生内涝的工程性措施和非工程性措施。本指标要求图形和文字相结合，描述地块内各类内涝防治设施的组合方式、位置规模、建造形式等。属于强制性指标。

（4）防洪标准和设施

本指标是指满足相应城市防洪标准采取的防洪工程措施和非工程措施。本指标要求图形和文字相结合，描述地块内各类防洪设施的组合方式、位置、规模、建造形式等。属于强制性指标。

4.3.3 约束性和鼓励性指标

2015年7月颁布的《海绵城市建设绩效评价与考核办法（试行）》，初步构建了定量为主、定性为辅的绩效考核指标体系，其指标分为约束性和鼓励性指标（表4-2）。

表4-2 相关控制性指标与约束性指标

控制性与约束性	雨水景观设计相关指标
约束性	年径流总量控制率
	生态岸线恢复
	地下水位
	水环境质量（黑臭水体）
	城市面源污染控制
	污水再生利用率
	雨水资源利用率
	城市暴雨内涝灾害防治
	规划建设管控制度
	蓝线、绿线划定与保护
	技术规范与标准建设
	投融资机制建设
	绩效考核与奖励机制
	连片示范效应
	城市热岛效应
	水环境质量（地下水水质）
鼓励性	管网漏损控制
	饮用水安全
	产业化

［引自《海绵城市建设绩效评价与考核办法（试行）》］

4.3.3.1　约束性指标

在 2018 年 12 月发布的《海绵城市建设评价标准》中，提出海绵城市建设的控制项与鼓励项标准，其中控制项是应该、不得不做的，是在规划设计中需要重点遵守的一些指标，具体要求包括：

①新建区的年径流总量控制率及径流体积控制不得低于所在区域规定的下限值，及所对应计算的径流体积。

②自然生态格局管控与水体生态岸线保护（要求不得侵占行洪通道、洪泛区和湿地、林地、草地等生态敏感区；或应达到相关规划的蓝线绿线等管控要求）。

③城市水体环境质量（旱天无污水、废水直排；水体不黑臭）。

④路面积水控制与内涝防治（雨水管渠设计重现期不应有积水现象、内涝防治设计重现期不得出现内涝）。

⑤新建项目：a. 建筑小区、公园与防护绿地、停车场与广场：年径流总量控制率及径流体积控制，或达到规划管控要求，按规划设计要求接纳容水；b. 道路：应按照规划设计要求进行径流污染控制；保障有防洪行泄通道功能的道路功能。

⑥改建项目：建筑小区：径流峰值控制（外排径流峰值流量不得超过改造前原有径流峰值流量）、硬化地面率（不应大于改造前原有硬化地面率）。

4.3.3.2　鼓励性指标

鼓励项是有条件、有需求的，可以这么做，包括：

①改建区的年径流总量控制率及径流体积控制得低于所在区域规定的下限值，及所对应计算的径流体积。

②城市水体环境质量（旱天下游断面水质不宜劣于上游断面水质）。

③自然生态格局管控与水体生态岸线保护（城市开发建设前后天然水域总面积不宜减少；新建、改建、扩建城市水体的生态性岸线率不宜小于 70%）。

④新建项目：a. 建筑小区：地面硬化率不宜大于 40%；b. 道路、停车场及广场：径流污染控制（年径流污染控制率总量削减率不宜小于 70%）；径流峰值控制（外排径流峰值流量不宜超过开发建设前原有径流峰值流量）。

⑤改建项目：a. 建筑小区：地面硬化率不宜大于 70%；b. 道路、停车场及广场：年径流污染控制率总量削减率不宜小于 40%。

4.4　雨水景观设计原则

4.4.1　因地制宜原则

由于我国地域广阔，各个地区在气候、土壤、场地等要素差异大；生态海绵体的建设必须结合当地具体环境和具体目标，选择适宜的技术措施。各地应根据本地自然地理条件、水文地质特点、水资源禀赋状况、降雨规律、水环境保护与内涝防治要求等，合理确定低影响开发控制目标与指标，科学规划布局和选用下沉式绿地、植草沟、雨水湿地、透水铺装、多功能调蓄等低影响开发设施及其组合系统。

同时，结合当地对雨水景观建设要求及规范，合理设计。积极采用当地雨水处理传统生态智慧，宣扬文化自信、道路自信、制度自信、理论自信，凸显中国特色社会主义的文化根基、文化本质、文化理想，创造具有中国智慧和中国特色的雨水景观。通过继承和发扬传统雨水设计的生态智慧文化内涵，能够一定程度上丰富雨水景观的本土设计，增强民族自信心，弘扬民族精神，展示民族风采。

4.4.2　灰绿结合原则

事实证明灰色管网设施已无法完全应对当前的城市雨洪问题。解决今天城市雨洪问题，既要利用灰色基础设施的速排优势，更要充分发挥绿色基础设施的生态功能。以水为核心，不仅关注传统理念上水污染的生态解决之道，更涉及水生态以及水景观、水文化、水经济等综合目标，通过灰绿生态耦合设计，保证场地充分优先地发挥绿色雨水基础设施的综合生态效益。

海绵城市理念指导下的灰绿耦合法设计策略，是对我们今天城市人居生态环境建设的有效探索。在考虑雨洪基础设施时，不应该将海绵城市建设绿色基础设施与传统的灰色雨洪基础设施对立，而是应结合实际情况，将两种系统纳入一个适合经济、环境和社会效益的可持续雨洪管理统一方案之中。

4.4.3 蓝绿交融原则

城市规划中应科学划定蓝线和绿线。城市开发建设应保护河流、湖泊、湿地、坑塘、沟渠等水生态敏感区，优先利用自然排水系统与低影响开发设施，实现雨水的自然积存、自然渗透、自然净化和可持续水循环，提高水生态系统的自然修复能力，维护城市良好的生态功能。将绿地中的自然水体或人工水体与绿线、蓝线统筹规划，明确上下游级差关系，构成完整的城市表水系统，疏通城市水脉。结合市域内的水源涵养林、自然保护区和各级水库、河流，构筑水—绿复合型的绿地系统。

在海绵城市型绿地规划设计与建设中，把加强水系湿地的保护放到重要位置，特别是针对城区低洼处的坑塘、河沟等。河湖水系、坑塘湿地等是城市中天然的雨水储存净化场所，其中湿塘湿地作为河道与陆域的水—陆交错带，其范围长受水体及陆地两个方面影响，并发挥着保持物种多样性、拦截和过滤物质流、有利于鱼类的繁殖、稳定毗邻生态系统、净化水体等多种生态功能，因此需要将海绵城市建设中的湿地湿塘与雨洪规划设计相融合，使之在调蓄水位、净化水质、景观生态等发面发挥重要作用。

城市河道护岸多以混凝土、块石砌构筑结构型式，不利于水分渗透以及汛期延滞雨水汇集。因此，在河道平面布置时，应以河道控制线的划定来满足水面率为原则，同时兼顾土地使用面积及平面布置多样性。河段在平面上应是有宽有窄、有收有放，河道水系强调"蓄泄兼顾"，整体展现河流自然风貌。硬化驳岸隔断了水体与两岸土壤的联系，同时增加了水流速度，加速了洪水的聚集。河道生态系统环境非常单纯与不稳定。因此，需要采用湿塘湿地与河道协同设计，通过在河岸地带营造生态缓冲带，以生物措施为主，将生物措施和工程措施结合，恢复和改善河道水系应有的自然功能。

4.4.4 竖向控制原则

低影响开发设施主要的收水方式为地表有组织汇流，因此，场地竖向设计至关重要，直接影响设施布局和规模的确定，使设施规模与汇水面积相匹配，实现不透水面积全控制。结合生态雨水景观设计，在原有地形的基础上进行地形的利用和改造。遵循绿地低于硬地原则，充分利用雨水重力自流。城市雨水管道属于市政自流管道，因此利用绿地吸纳雨水径流时应遵循绿地低于硬地的原则：即场地大部分地形标高低于周围城市硬地，场地大部分绿地标高低于场地内道路、建筑等硬地，场地雨水系统的通常水位低于大部分绿地，并高于其排放的自然水体常水位，以保证雨水处理系统的能耗最低化运行。主要绿地坡度变化宜平缓，出于景观多样化的要求，绿地的地表往往有一定的起伏变化，但从雨水径流控制角度来说，坡面使地表雨水径流增大、土壤入渗减少，因此在局部绿地有大坡度变化的前提下，公园主要绿地坡度变化宜平缓以增加雨水入渗量。

将市政排水系统与绿地系统以及海绵系统整合统一，优化竖向设计，可从绿地空间的营造以及绿地生态多样性进行考虑。一方面，创造更多的滞留、储水空间，在绿地建设中就地挖填土方，根据实际需要，营造洼地、池塘、湖面，能够吸收更多的雨水，同时丰富景观空间效果；另一方面，营造多样生境，但也应避免泛海绵化技术。建议降低绿地标高，便于收纳更多雨水，但切不可泛海绵化，影响了绿地的其他功能。丰富的竖向设计能够满足不同类型植被群落对生境条件的需求，维护城市绿地的生态多样性与高质量稳定性。

4.4.5　生态景观原则

雨水景观与传统的管道系统将雨水快速排出城市不同的是利用绿地处理雨水径流，采用植物生态化的方式就地进行处理。因此，在场地的规划设计阶段，应根据其吸纳雨水污染的状况，有针对性地开展植物配置专项设计，充分利用植物对重金属、细菌、有机污染物等进行吸附吸收、降解和同化的作用。

雨水景观十分强调雨水处理系统的景观化，完整的雨水处理系统包括雨水的收集、净化、储蓄和排除等过程，利用绿地处理雨水径流应使各处理设施及场地尽可能实现景观化，即在满足雨水处理功能的同时还应富有美感、承载一定的休闲游乐活动、体现景观文化特色等，实现雨水处理设施与生态环境的协调。例如，在绿地中配合花境设置雨水花园的收集、过滤雨水；利用沼泽、池塘等营造湿地景观，以净化、沉淀雨水中的污染物；利用湖泊储蓄雨水的同时开展划船等水上游乐活动等。

4.5　雨水景观设计技术途径

4.5.1　渗

由于城市下垫面过硬，改变了原有自然生态本底和水文特征，因此，要加强自然的渗透，把渗透放在第一位。这样可以避免地表径流，减少从硬化路面、屋顶等汇集到管网里从而流失；同时，涵养地下水，补充地下水的不足，还能通过土壤净化水质，改善城市微气候。雨水渗透的方法多样，主要是改变各种路面、地面铺装材料，改造屋顶绿化，调整绿地竖向，从源头将雨水留下来然后"渗"下去。

4.5.2　滞

在雨水景观设计的过程中，存在着各式各样

的低洼区域，并由树皮或植物作为覆盖层。这些设施将雨水滞留下来补充地下水，并且可以大大降低暴雨地表径流的峰值，并且滞留绿地中还可以通过吸附、降解和挥发等过程来减少污染。同样，蓄积的雨水也可以被植物利用，减少绿地的灌溉水量。在雨水景观设计过程中，通过"滞"，可以延缓径流高峰的形成，例如，通过微地形调节，让雨水慢慢地汇集到一个地方，用时间换空间。具体形式总结为以下几种：生物滞留设施、生态滞留区、雨水湿地、湿塘等，主要作用是延缓短时间内形成的雨水径流量。

4.5.3　蓄

"蓄"的主要作用就是把雨水留下来。由于现在过度的人类开发和建设，暴雨降临常常在较短的时间内聚集在一定区域，增加了城市的内涝风险。因此要把降雨蓄积起来，从而达到调蓄和延缓峰值的目的。目前，海绵城市蓄水环节没有固定的标准和要求，地下蓄水样式多样，常用形式有两种：塑料模块蓄水和地下蓄水池。普通的蓄水模块一般借助地形、植物，结合人工收集设施来进行地表层次的蓄水和而地下蓄积模块，则通过人为建设而产生。通过人工水池、出水水管、水池溢流管、水池曝气系统等几部分组成。

4.5.4　净

由于在雨水下渗与汇流过程中，通过土壤、植被、绿地、水体等，都能对水质产生净化作用，经过净化后的雨水，应当考虑再次利用和回收。根据城市现状可将区域环境大体分为三类：居住区雨水收集净化、工业区雨水收集净化、市政公共区域雨水收集净化。根据这个三种区域环境可设置不同的雨水净化环节，现阶段较为熟悉的净化过程分为三个环节：土壤渗滤净化、人工湿地净化、生物处理。

例如，首先通过土壤渗滤净化，大部分的雨水在收集的同时并进行土壤渗滤净化，且通过穿孔管将收集到的雨水排入次级净化池或贮存在渗滤池中，来不及通过土壤渗滤的表层水经过水生植物初步过滤后排入初级净化池中。其次是次级净化池，进一步净化初级净化池排出的雨水，以及经土壤渗滤排出的雨水；经二次净化的雨水排入下游清水池中，或用水泵直接提升到山地贮水池中。初级净化池与次级净化池之间、次级净化池与清水池之间用水泵进行循环。

4.5.5　用

雨水经过土壤渗滤净化、人工湿地净化、生物处理多层净化后要尽可能被利用，不管是丰水地区还是缺水地区，都应该加强对雨水资源的利用。这样不仅能缓解洪涝灾害，还可以利用所收集的水资源，如将停车场上面的雨水收集净化后用于洗车等。应该通过"渗"涵养，通过"蓄"把水留在原地，再通过"净"把水"用"在原地。如用于绿化灌溉、洗车、消防用水等。

4.5.6　排

利用城市竖向与工程设施相结合，排水防涝设施与天然水系河道相结合，地面排水与地下雨水管渠相结合的方式来实现一般排放和超标雨水的排放，避免内涝等灾害。有些城市因为降雨过多导致内涝。这就必须要采取人工措施，把雨水排掉。当雨峰值过大的时候，采用地面排水与地下雨水管渠相结合的方式来实现一般排放和超标雨水的排放，避免内涝等灾害。经过雨水花园、生态滞留区、渗透池净化之后蓄起来的雨水一部分用于绿化灌溉、日常生活，一部分经过渗透补给地下水，多余的部分就经市政管网排进河流。不仅降低了雨水峰值过高时出现积水的概率，也减少了第一时间对水源的直接污染。

4.6　雨水景观设计流程

雨水景观设计目的是以模拟或重塑场地开发前的水文形态来保护雨水景观环境，提供环境改善措施并维护其生态完整性，通过工程与景观设计手段充分发挥场地"海绵体"潜力，营建科学性与人文美学兼具的雨水"适应性"景观环境。

通常情况下，其内容包括：场地水文分析与评估、场地规划策略与技术、雨水与景观的设计与结合等阶段。

传统的设计程序和团队协作方式无法满足雨水景观设计场地开发的需要，为了解决这一问题，在项目初始，设计目标应取得共识，设计程序也需要调整，为反馈、重新调查以及新方法的论证研究留出足够的时间。这有利于明确项目焦点、促进团队合作、加快设计方案形成以及设计施工协调效应的发挥。在此基础上，雨水景观设计聚焦于雨水基础设施的水文目标与效果，在海绵城市理念的指导下将雨水处理设施和景观设计结合，采用"源头控制""分散处理"技术代替"终端处理"技术，对地表径流进行传输储存，能够提高场地雨水利用效率，也能去除雨水中的有害物质，防止水污染和场地内涝的发生，还可以减少对周围生态环境的影响。除此之外，设计者还考虑到更高层次的社会、经济、文化影响。

4.6.1　场地水文调研与分析阶段

对整个场地的海绵城市雨洪管理现状进行充分的调研分析，包括：资料数据收集、文献查阅、实地勘踏、前期方案解读、取样分析（土壤、水质、植被等）、实时监测、相关利益方调查分析、3S技术、综合评价等多种方式和手段，摸清本底情况，为下一步剖析突出问题，明确重点难点，确定海绵城市设计总体目标，构建指标体系，奠定坚实基础。

常见的场地分析方法是综合场地勘察数据，制作一系列场地分析图，如土壤情况、栖息地类型、分区规划限制、地下水位、下垫面分析、径流产汇流分析等。通过叠加这些分析图进行全面分析。这种方式使设计团队通过数据分析，揭示场地现状条件、机遇和制约因素之间的关系和模式，可以通过使用GISD以及水文模型等软件来实现。

4.6.1.1　场地下垫面分析

建筑屋面、道路、铺装、绿地、水体等不同

软硬下垫面类型的径流系数不同，其次汇流特征各异。不同类型的地形地貌其土壤及下垫面物质各不相同，土壤渗透系数不同，造成植被和水文也有差异。径流是下垫面特性的体现，尤其是渗透率和产流率，砂质汇入干旱的土壤能够快速吸收雨水，而紧致的黏土几乎不能吸收水分。同样径流也受到雨水类型的影响，不同的降雨强度导致不同的径流量。进行下垫面土壤渗透性能的分析非常重要，同一种设施在不同区域不同土质条件下，需要采取不同的技术手段。

4.6.1.2 场地水文分析

水文分析的目的是为了维持场地原有水文特性而明确雨水管理控制的级别。保存或恢复场地的水文功能是低影响开发的基本前提。为了规划和场地设计的效益最大化，对水文原则的考虑在场地开发的任何阶段都是必要的，尤其是在项目设计初期，对自然的或开发前的场地水文特性的复制不仅可以控制或减少场地内局部性的影响，也有利于降低对外围场地雨水的影响。

结合雨洪管理模型软件，划分不同等级的汇水（小）区，进行水文生态过程空间模拟分析，包括：汇水区分析、径流产流与汇流过程、洪水淹没过程、暴雨淹没过程、径流污染物负荷与迁移过程、雨水资源化利用分析等，进而运用景观生态原理与综合评价方法，可以判别出生态敏感保护重点区域、内涝调控重点区域、水质保护重点区域、雨水资源化利用重点区域等，以及不同城市利用功能区与不同汇水区（地块）的下垫面特性和面临的雨洪管理重点问题。

4.6.2 问题研判与目标确定阶段

从雨洪管理多目标维度，分别从水安全、水环境、水生态、水经济、水文化、水景观等角度，对场地面临的雨洪问题进行分析研判，进而为明确项目目的、目标和要求是雨水景观设计的重要步骤。不同区域、不同地块甚至同一场地的不同区域，在水安全、水环境、水生态、水资源、水景观、水文化等方面，面临的雨洪管理现状问题

也不尽相同，相应的其规划设计侧重点、调控目标、策略途径与技术措施也应有所不同。

①功能目标　在现状分析与综合评价的基础上，结合城市发展需求，从水安全、水环境、水资源、水生态等功能需求出发，兼顾水景观、水文化等方面的需求，因地制宜地确定海绵城市建设的总体功能目标。

②设计指标　年径流总量控制率、面源污染（SS）消减率等相关指标。其中，年径流总量控制率是主要指标；面源污染（SS）消减率与年径流总量控制率相关联，兼顾水环境改善对面源污染削减的需求；相关指标为依据《海绵城市建设绩效评价与考核指标（试行）》，设定内涝防治标准、雨水利用替代城市供水比例、水面率、生态岸线比例等约束性指标，也可结合城市特征选取相关鼓励性指标。

4.6.3 策略提出与方案设计阶段

通过将场地勘察得到的信息与项目计划进行交叉验证、比较，基于场地分析结果与目标解析，明确适合的功能分区，筛选各种雨水技术途径的可行性，选择适宜的雨洪管理措施，提出完整的径流组织策略，形成海绵雨水景观系统的总体框架。依据场地范围适用的上位规划（区域规划、土地利用规划、排水规划及其他地方法规等）定义场地；以水文数据作为设计指标来最小化设计场地中的不透水区域；初步整合场地布局；同样以最小化设计的方式来连接不透水区域，修改或增加雨水径流的路径以实现雨水的最大量渗透；对场地规划前后进行水文特征方面进行对比，完成低影响开发的场地雨洪景观规划设计。同时，综合考虑由于环境、文化和经济方面影响因子的复杂影响，项目的经济成本与实际可行性，也需要统筹考虑。

4.6.3.1 雨洪管理措施的选择与计算设计

（1）措施选择

技术措施的选择以场地水文状况与开发需求为基础，因地制宜，为雨水管理技术措施选择空

间和技术上的最大可能性。技术措施的选取需要量化空间尺度，结合场地的气候、植被、施工技术及材料等因素来综合确定。为了保持场地开发前的水文特性，可以使用或组合使用各种低影响开发场地规划工具。例如，减少或最小化不透水地面；断开不可避免的不透水表面；保存和保护环境敏感的场地特征；维持或延长汇流时间；不透水表面分洪等（表 4-3）。

表 4-3　各类用地中低影响开发设施选用一览表

技术类型（按主要功能）	单项设施	用地类型			
		建筑与小区	城市道路	绿地与广场	城市水系
渗透技术	透水砖铺装	●	●	●	◎
	透水水泥混凝土	◎	◎	◎	◎
	透水沥青混凝土	◎	◎	◎	◎
	绿色屋顶	●	○	○	○
	下沉式绿地	●	●	●	◎
	简易生物滞留设施	●	●	●	◎
	复杂生物滞留设施	●	●	◎	◎
	渗透塘	●	◎	●	○
	渗井	●	◎	●	○
储存技术	湿塘	●	◎	●	●
	雨水湿地	●	●	●	●
	蓄水池	◎	◎	◎	○
	雨水罐	●	○	○	○
调节技术	调节塘	●	◎	●	◎
	调节池	◎	◎	○	○
转输技术	转输型植草沟	●	●	●	◎
	干式植草沟	●	●	●	◎
	湿式植草沟	●	●	●	◎
	渗管/渠	●	●	●	○
截污净化技术	植被缓冲带	●	●	●	●
	初期雨水设施	●	◎	◎	○
	人工土壤渗滤	◎	○	◎	◎

注：● —— 宜选用；◎ —— 可选用；○ —— 不宜选用。
[引自《海绵城市建设技术指南——低影响开发雨水系统构建（试行）》]

（2）设施规模计算

海绵设施的规模应根据控制目标及设施在具体应用中发挥的主要功能，选择容积法、流量法或水量平衡法等方法通过计算确定；按照径流总量、径流峰值与径流污染综合控制目标进行设计的低影响开发设施，应综合运用以上方法进行计算，并选择其中较大的规模作为设计规模；有条件的可利用模型模拟的方法确定设施规模。

当以径流总量控制为目标时，地块内各低影响开发设施的设计调蓄容积之和，即总调蓄容积（不包括用于削减峰值流量的调节容积），一般不应低于该地块"单位面积控制容积"的控制要求。计算总调蓄容积时，应符合以下要求：

①顶部和结构内部有蓄水空间的渗透设施（如复杂型生物滞留设施、渗管/渠等）的渗透量应计入总调蓄容积。

②调节塘、调节池对径流总量削减没有贡献，其调节容积不应计入总调蓄容积；转输型植草沟、渗管/渠、初期雨水弃流、植被缓冲带、人工土壤渗滤等对径流总量削减贡献较小的设施，其调蓄容积也不计入总调蓄容积。

③透水铺装和绿色屋顶仅参与综合雨量径流系数的计算，其结构内的空隙容积一般不再计入总调蓄容积。

④受地形条件、汇水面大小等影响，设施调蓄容积无法发挥径流总量削减作用的设施（如较大面积的下沉式绿地，往往受坡度和汇水面竖向条件限制，实际调蓄容积远远小于其设计调蓄容积），以及无法有效收集汇水面径流雨水的设施具有的调蓄容积不计入总调蓄容积。

具体计算方法详见《海绵城市建设技术指南——低影响开发雨水系统构建（试行）》。

4.6.3.2　生态雨水景观功能设计策略

（1）造景功能设计策略

经过前期的资料分析与研究，雨水景观中常见的各种雨水设施与场地景观结合不足等问题较为突出，作为雨水景观空间的基础性构件，雨水设施往往忽略了与周围景观的协调性，通常缺乏

美感和设计细节。加之雨水设施作为场地景观的一部分，也是场地文化、地域特色的重要体现，因此雨水利用设施应注重文化特色、形式特色与功能特色的整合，使功能性与艺术性统一。

（2）生态功能设计策略

雨水设施既满足了实用、造景功能外，还需增加其生态功能。在大多数雨水收集、排放、存储的过程中，雨水设施的生态功能在雨水景观规划中还处于空白阶段，都未有生态元素的融入。因在雨水的循环过程中未对雨水进行质的处理，从而周而复始地加重了水环境的恶化，所以提升雨水设施的生态造景功能是整个景观雨水管控中的决定要素。

4.6.4　局部与节点详细设计阶段

梳理前期方案设计成果，展开详细设计，形成系统性、可视化的设计成果，包括扩初方案文本、施工图图则与说明书等。雨水设施详细设计要点详见前文3.3雨洪管理技术措施与途径。

4.6.4.1　雨水设施设计

（1）面积设计

雨水景观设施建设面积需要考虑收纳雨水的范围，以及一定的经济条件，使景观达到最经济合理的状态。例如，雨水花园的面积主要由雨水花园的深度、处理雨水的径流量和土壤类型所决定。雨水花园的面积随着汇水面积的增加而增加。黏土渗透性弱，因此建在黏土上的雨水花园面积应该由整个排水区域的60%；砂土排水较快，雨水花园的面积应该是整个排水区域的20%；建在壤土上的雨水花园面积应该在20%~60%为宜。渗透越慢，雨水花园的面积要求越大。

（2）形状设计

对于雨水景观设施的外形，以曲线为宜，直线容易破坏雨水景观的自然造型风格，通常以新月形、肾形、马蹄形、椭圆形或者其他不规则图形为佳。同时为了收集汇水区的雨水，通常雨水花园等海绵设施的长边应垂直于坡度和排水方向，为了提供足够的空间以栽植植物和让雨水均匀通

过整个底部，海绵设施应有足够的宽度。

（3）结构设计

雨水景观设施的结构与构造，应根据其具体承担的雨洪管理功能和水文调节能力，进行详细设计。

以雨水花园为例进行说明：

①深度设计　生物滞留型雨水景观设施的深度一般指蓄水层的深度，主要由土壤的渗透性及地面坡度确定，最合理的深度为10~20cm。深度过浅，雨水花园无法充分发挥渗透作用；深度过深，则会导致积水时间过长，危害植物的生长，影响景观效果。无论雨水花园深度如何，都应该保证其底部平整，防止雨水淤积于一处。雨水花园的深度还容易受到地面坡度的影响。坡度面积不应超过12%，否则需另外选址。如果坡度低于4%，深度以7.5~12.5cm为宜；坡度5%~7%，深度以15~17.5cm为宜；坡度8%~12%，深度以20cm为宜。

②溢流口设计　一般只要能保证超过其设计能力的雨水及时排入周围草坪、林地或排水系统即可。如果雨水花园能够将多余的雨水沿四周高坎流出，进入排水系统，这类雨水花园一般无需设计专门的溢流装置；如果雨水花园所在位置不方便将多余雨水直接排入雨水系统，可简单设计一个溢流装置。

③边坡与排水口设计　雨水进入雨水景观设施当中会自然地冲刷较低的边界，为了保证雨水花园边缘不受雨水的侵蚀并保持雨水，将挖掘的土壤堆在较低的边界构建为一处小型堤坝，堤坝的高点和雨水花园的最高处平齐即可。为了防止雨水的冲刷，可在堤坝上种植草皮。为了减少雨水的流速对其地面的冲蚀，在排水口及流入雨水景观当中的路径上用小石块或砖块进行铺装，也可以用高密致的草坪进行覆盖，以减少侵蚀。

（4）土壤设计

雨水景观设施往往对土壤具有一定的要求，需要对土壤进行一定程度的改良，才可实现雨水景观的渗透功能。

以雨水花园为例，比较适合建造雨水花园的土

壤为砂土和壤土，能够满足最低的渗透率13mm/h的要求。可通过一定的简易试验检测土壤渗水性：挖深约15cm的坑，注满水，如果能够在24h内完全下渗，即满足作为雨水景观的土壤要求；对于没有满足下渗要求的土壤，需要进行一定的土壤改良，通常改良措施为混合50%砂土、20%表土、30%复合土，改良后的土壤移置场地前，须去除0.3~0.6cm厚的原表土。

4.6.4.2　海绵植物景观设计

（1）海绵植物选择的原则

①以本土植被为主，适当搭配外来物种，避免入侵物种　本土植物对当地的气候条件、土壤条件以及周边环境具有很强的适应性，养护管理成本低，生态效益高，宜作为主干树种；一些经过驯化的外来物种对本地环境具有一定的适应性，并能增加本地物种的多样性，可适当选用；入侵物种会对本地物种带来严重的破坏，要杜绝入侵物种。

②选用根系发达、茎叶繁茂、净化能力强的植物　植物对于雨水中污染物质的降解和去除机制主要有三个方面：一是通过光合作用，吸收利用氮、磷等物质；二是通过根系将氧气传输到基质中，在根系周边形成有氧区和缺氧区穿插存在的微处理单元，使得好氧、缺氧和厌氧微生物均各得其所，发挥相辅相成的降解作用；三是植物根系对污染物质，特别是重金属的拦截和吸附作用。因此根系发达、生长快速、茎叶肥大的植物能更好地发挥上述功能。

③因地制宜，根据不同的海绵体选择不同的植物　海绵体的植物主要有耐旱、耐湿和水生植物，以适应不同的环境，发挥相应的雨洪管理功效。滞留、传输及多功能调蓄设施选择能经受间歇性短时雨水浸泡的植物，调蓄水塘与人工湿地以水生植物为主。

（2）海绵植物配置的方法

①综合栽植乔木、灌木及草本植被，提高海绵体的抗性和观赏性　一般而言，草本的种植密度越大，其净化效果越显著，因而以种类丰富的

草本植物为核心，注重不同颜色、质感、高矮的植株搭配，形成乔—灌—草的复层植物群落，增加海绵体植物的蓄水性和对不良环境的抗性，同时提高植物群落的结构层次性和观赏性。

②搭配种植不同功效的植物，提高去污性　研究表明：不同植物的合理搭配可提高对水体的净化能力。可将根系泌氧性强与泌氧性弱的植物混合栽种，构成复合式植物床，创造出有氧微区和缺氧微区共同存在的环境，从而有利于总氮的降解；可将常绿与落叶混合种植，提高海绵体在冬季的净水能力。

③以卵石、细碎石、石块或木屑作为土壤覆盖层　以卵石、细碎石、石块或木屑作为土壤覆盖层，能降低蒸发量，并与植物搭配营造细部景观。

④不同位置应根据不同的功能和景观风貌进行植物配置　海绵植物配置因地域不同而异，城区较为现代化，以现代培育的、观赏性的植物为主，如垂柳、水杉、黄菖蒲、睡莲等；乡村海绵体植物配置因突出乡野气息，尽量保留乡村特色树种，如芦苇、千屈菜、凤眼莲、水芹、萍蓬草、细叶芒、马蹄金等；乡镇海绵植物配置则可兼具城乡特色，进行城乡植物的过渡与融合。

4.6.4.3　场地活动设计

场地活动根据场地原有的条件因地制宜，合理利用地形地貌，与周围环境自然相融，注重人员场地之间的互动，借助多元的互动设施，创造符合不同年龄阶段的娱乐需求项目，充分释放出人们好玩、好动、好奇、追求健康和快乐的天性。活动设计依据源于自然、融入自然、安全第一等原则，使雨景观活动设施在提供娱乐性的基础上，将人与自然和谐相处的哲理寓意其中，实现景观和活动设施的可持续性和可维护性，充分做到以安全为第一位，避免对人产生伤害的设施，满足不同身材、不同体质的活动人群，安全活动。人工景观以及建筑的设计，应融入自然水文循环，如渗透、蒸发、蒸腾和地表径流等，将水文功能、场地水平衡和设计目标结合起来。

4.6.4.4　文化符号设计

雨水设施传承了城市人居环境建设品质与城市美学品味，是不应该被忽视或遗忘的重要设计细节。在中国传统营造中，雨水基础设施在满足排水的功能外，其形式和形制与文化有许多隐喻的关联。从四合院建筑中天井的雨水组织，到地面铜钱形石板入水口的设计，都有着视水为财的传统文化取向。20世纪工业化和标准化的大批量生产，使人们忽略和遗失了这些附属构件本身应有的文化身份与艺术属性。后工业时代，人类生活转向了休闲化和学习化，文化成为一种身份和品牌，我们有必要重拾雨水基础设施构件的文化性与艺术性，营造有城市含义的风景。通过非生产性雨水利用的雨水花园造景系统，畅通雨水排放，减少城市积水，美化环境，改善局部微气候，使雨水管理从单纯的工程技术和单一的生产利用层面走向可持续利用的多元化和生态化层面。

地域性文化常作为一种软实力展现地方特色，主要包括人文、历史、风俗等。对于雨水景观设计的文化展示，一般将地域性文化特色进行提炼，将文化元素用景观的方式表达出来，从而体现设计的独特性、地域性。因此，雨水景观设计在进行整体规划时应将地域性文化及场地文化充分融入其中，让使用者看到场地的历史渊源与精神文化。

作为城市基础设施中的重要组成部分和构建城市中无处不在的风景的重要元素，雨水基础设施自身的品质和城市形象的体现通常在设施和构件的设计与运用中被忽视。苏州园林中，处处可见雨水设施功能性与艺术性统一的实例。网师园和留园粉墙上的排水口都加了一小段披檐，既保护墙面，又装饰墙上的排水口。雨水基础设施是城市的一道景观，更是城市微观景观意识形态的体现者，它无处不在地传递出城市基础设施建设与设计的品质。景观化的雨水基础设施是指雨水基础设施构件本身的造型要富有美感，能够体现城市或区域的文化特色，包括从色彩、造型、图案，甚至安放位置上达到与建筑和环境的协调。

4.7 雨水景观设计模拟分析方法与技术

4.7.1 城市雨洪水文模型方法

雨水景观设计理论与实践经历了由"局部雨水景观设计与分流管理"向"整体性雨水景观规划"发展的历程，逐渐突破目前仅仅通过雨水花园、绿色街道等"小湿地"进行局部生态优化的局面，走上了借助地理信息系统、大型水文模型等技术手段，探索遵循生态水文过程的整体性城市雨水景观规划设计的道路。

4.7.1.1 雨洪水文模型概况

城市雨洪模型在城市雨洪管理、防洪排涝、雨洪利用和水污染控制等方面发挥了重要作用。城市的产汇流机制远比天然流域复杂，且城市排水系统内具有多种水流状态，包括重力流、压力流、环流、回水、倒流和地面积水等。需要采用水文学和水力学相结合的途径，充分利用数值模

拟技术，研制能够模拟复杂流态的城市排水系统的数学模型。根据预报的降雨过程，利用研制的模型模拟和预测城市地面的积水过程，以满足城市防汛减灾工作对水情和涝情预测计算的要求。

随着科技的发展、计算机性能的加强，未来的研究借助数字化和虚拟仿真的可视化设计手段，模拟并检测现实场地中雨水径流的实际管理情况和景观效果，必能精确模拟和计算城市雨水汇水路径、汇水面积及其汇水量，指导整体性城市雨水景观系统真正精确高效地建构，为我国海绵城市建设构想提供切实可行的科学依据和更为经济可行的宏观思路与方法。20世纪60年代起，计算机模型开始广泛用于流域水文模拟，至今已经发展了上百种流域水文模型。而城市雨洪模型则主要起步于20世纪70年代，最初由部分政府机构（如美国环保署）组织开展模型研发工作，目前已经研发出了多种城市雨洪模型，见表4-4所列，由简单的概念性模型到复杂的水动力学模型，由统计模型到确定性模型。一般而言，模型都包括降雨径流模块、地表汇流模块和地下管网模块等。

表 4-4　主要城市雨洪模型总结

模型名称	开发者	主要计算方法			主要特点
		产流计算	地表汇流	管网汇流	
SWMM	美国环保署 EPA	下渗曲线法和 SCS 方法	非线性水库	恒定流、运动波和动力波	动态降雨径流模型，适用水量水质模拟，主要分透水地面、有滞蓄和无滞蓄的不透水地面三个部分，应用广泛
STORM	美国陆军工程兵团 HEC	SCS 方法，降雨损失法	单位线法	水文学方法	城市合流制排水区的暴雨径流模型，分为透水和不透水区模拟降雨径流及水质变化过程，可模拟排水管网溢流问题
ISS	伊利诺斯州	—	—	圣维南方程	主要用于雨水管道系统模拟
IUHM	Cantone 和 Schmidt	Green-Ampt 下渗公式	地貌瞬时单位线	水动力学法	通过集合地貌瞬时单位线方法，分析高度城市化区域水文响应关系，适用于资料不足地区的水文过程模拟
DR3M-QUAL	美国地质调查局 USGS	Green-Ampt 下渗公式	运动波	运动波	分为地面流、河道、管网和水库单元，可分析城市区域降雨、径流和水质变化过程，对下垫面地形和市政排水管网资料要求较多

（续）

模型名称	开发者	主要计算方法			主要特点
		产流计算	地表汇流	管网汇流	
UCURM	美国辛辛那提大学	Horton下渗公式	水文学方法	水文学方法	将流域概化为不透水区和透水区两部分，主要由入渗和洼地蓄水、地表径流、边沟流和管道演算五个子模块
RisUrSim	德国凯撒斯劳滕工业大学	标准的降雨径流换算法	二维浅水水流运动方程	动力波方法	主要用于城市排水系统模拟、设计与管理，包括降雨径流模块、水文学地面汇流模块、水力学地面汇流模块和动力管道演算模块
Wallingford	英国 Wallingford 水力学研究所	修正推理公式	非线性水库、蓄泄演算、SWMM径流计算模块	马斯京根和隐式差分求解浅水方程	包括降雨径流模块、简单管道演算模块、动力波管道演算模块和水质模拟模块，可用于暴雨系统、污水系统或雨污合流系统设计及实时模拟，分为铺砌表面、屋顶和透水区三个部分
TRRL	英国公路研究所	降雨损失法	时间—面积法和线性水库	线性运动波	可连续或单次模拟城市区域的降雨径流过程，仅考虑不透水区域与管道系统连接的部分产流，洪峰和径流量可能偏低
MIKE-SWMM	丹麦水力学研究所DHI	下渗曲线法和SCS 方法	非线性水库	隐式差分—一维非恒定流	主要是MIKE11模型代替了SWMM中的EXT-RAN模块，比SWMM适应范围更广、更稳定，与DHI其他模型相兼容
MIKE Urban 或MOUSE	丹麦水力学研究所DHI	降雨入渗法	运动波，单位线，线性水库	动力波，扩散波，运动波	包括管道流模块，降雨入渗模块，实时控制模块，管道设计模块，沉积物传输模块，对流弥散模块和水质模块，用途相对广泛
InfoWorks CS	英国 Wallingford 软件公司	固定比例径流模型，SCS 曲线，下渗曲线	双线性水库，SWMM径流计算模块	圣维南方程	主要采用分布式模型模拟降雨径流过程，基于子集水区划分和不同产流特性的表面组成进行径流计算
SSCM	岑国平	Horton下渗曲线	运动波和变动面积—时间曲线法	扩散波	不透水区产流计算中洼蓄量当做一个随累积雨量变化而变化的参数，透水区产流采用Horton公式，地表汇流采用运动波法和变动面积—时间曲线法，管道采用扩散波演算
CSYJM	周玉文和赵洪宾	降雨损失法	瞬时单位线	运动波	主要用作设计、模拟和排水管网工况分析
UFDSM	解以扬等	概念性降雨径流关系	水动力学方法	二维非恒定流方程	以城市地表与明渠、河道水流运动为主要模拟对象，以水力学模型为基础，引入"明窄缝"的概念，地表概化为不规则网格结构
平原城市雨洪模型	徐向阳	降雨损失和Horton 下渗	非线性水库法	运动波	分为透水区和不透水区，地表汇流采用非线性水库，管道汇流采用运动波方程，河网汇流采用一维圣维南方程组进行演算
城市雨洪水动力耦合模型	耿艳芬	降雨损失和经验公式法	二维水动力和一维河网耦合模型	一维圣维南方程	一维和二维耦合模型，既可以模拟地面河道与集水区之间的水量交换，也可以模拟地面径流和地下管网之间的水量交换

（引自宋晓猛等《变化环境下城市水文学的发展与挑战——Ⅱ.城市雨洪模拟与管理》）

纵观城市雨洪模型的发展，模型大致可以分成以下三类：

①将水文学方法和水力学方法相结合，分别用于模拟城市地面产汇流过程及雨水在排水管网中的运动，该方法基本单元是水文概念上的集水区域，所以其计算结果仅能反映计算范围内关键位置或断面的洪涝过程。

②采用一、二维水动力学模型模拟城市内洪水的演进过程，该方法可以充分考虑城市地形和建筑物的分布特点，较好地模拟城区洪水的物理运动过程，并可详细提供洪水演进过程中各水力要素的变化情况。

③利用 GIS 的数字地形技术分析洪水的扩散范围、流动路径，从而确定积水区域，该方法以水体由高向低运动的原理作为计算的基本依据，所提供计算结果仅能反映城市洪水运动的最后状态，不能详细描述洪水的运动过程。

城市雨洪模型发展至今已经形成了较为完善的概念框架和流程，总体上，城市雨洪模型框架主要包括数据收集与处理模块、城市雨洪计算分析模块和成果输出与综合可视化模块三大类，主要流程包括：

①确定模型总体结构，一般含输入输出、模型运算和服务模块等；

②确定模型微观结构，如降雨径流模块的计算结构、管网系统模块的计算组成以及各模块的耦合问题等；

③整理数据，结合模型结构确定数据集或建立相适应的数据库；

④确定模型参数及边界条件，进行参数率定和验证；

⑤成果输出与展示，结合 GIS 空间分析处理功能，耦合城市雨洪模型，实现成果可视化展示。

4.7.1.2 MUSIC 模型

(1) MUSIC 模型概况

城市雨水改善概念化模型（model for urban stormwater improvement conceptualization，MUSIC）是 2002 年由澳大利亚政府水服务机构 E-Water

和 Monash University 为澳大利亚水敏感城市（WSUD）建设而开发的降雨–径流模型。MUSIC 模型模拟不同类型集水区（城市、农业和森林）的雨水设施对下游水量和水质的影响。时间尺度上，MUSIC 模型能模拟单场次降雨事件和长时间序列下雨水设施的性能，时间刻度最短为 6min，最长为 24h。其中，MUSIC 模型水文模拟是基于 Chiew 和 McMahon 算法计算地表径流量，水质模拟基于城市土地使用和污染物负荷（TSS、TP、TN）关系计算。MUSIC 模型旨在帮助城市雨洪管理专业人员对城市雨洪问题和污染影响的可能策略进行可视化处理。作为决策的辅助手段，MUSIC 可以预测水质管理系统的性能，以帮助组织规划和设计（在概念层面上）适合其集水区的城市雨水管理系统。对于使用水敏型城市规划的雨洪管理系统，无论雨洪管理系统简单还是复杂，研究者都可以使用 MUSIC 模型进行简单快速的建模。它可以模拟从郊区街区到整个郊区或城镇（0.01~100km^2）的城市雨水系统。

MUSIC 不是一个详细的设计工具，而是一个概念分析工具。目前的雨水水质模型无法重现准确可靠的历史测验图，因此需要引入其他方法来模拟城市集水区的雨水径流。要获得运行模型所需的完整数据集通常是困难的，MUSIC 大多数输入数据都是基于布里斯班和墨尔本的试验土壤条件的默认数据，所以 MUSIC 的另一个优点是不需要太多的输入数据，但其他城市的一些与默认参数有区别的参数可能会对模型结果产生重大影响。MUSIC 在处理污染物方面没有经过严格的测试。尽管如此，MUSIC 是目前澳大利亚工业界在预测各种 WSUD 技术时使用的最流行的模型之一。

(2) MUSIC 可模拟的雨水设施

MUSIC 模型主要用于海绵城市建设中雨水设施的评估，可评估的雨水设施包括：

①生物滞留系统　即为植被雨水过滤系统，使用土壤或砂基过滤介质去除颗粒物和可溶性污染物。在 MUSIC 模型中，基于大量的额外数据和研究，生物滞留节点可以更好地考虑过滤介质和植被的特性。MUSIC 用户可以更精确地设计或表

现各种不同的生物保护系统。

②渗透系统　用于去除无植被不渗透系统中暗沟的污染物。MUSIC 提供了一个极大增强的渗透建模能力，可以考虑来自存储的水平流，并可以考虑随着深度的变化而变化的水流。这对于有系统边界的模型来说，具有更大的灵活性。

③介质过滤系统　模拟使用诸如砾石、沙子或其他细颗粒材料等介质去除污染物的未净化雨水过滤系统。该系统需要假设有一个出口管（暗渠）。

④总污染物捕集器　这些网状装置设计用于清除尺寸大于 5mm 的漂浮和悬浮垃圾和碎片。

⑤缓冲带　主要指道路旁的植被带，可以有效去除粗粒和中等粒径的悬浮颗粒；它们在生物滞留系统或其他植被处理措施之前进行良好的预处理。

⑥植草洼地　主要使用植被去除悬浮固体的明渠。当流量较大时，必须依靠浅层斜坡和高密度的植被才能正常工作。

⑦处理池和沉淀池　用于临时储存水体，从而进行悬浮固体沉降。被处理过的水可以流入无植被的观赏池塘。

⑧雨水罐　这些生活水储存设施可以收集和利用屋顶径流。污染物可以在水箱中沉淀，也可以在花园用水时清除。水箱可以减少雨水径流量，并有助于抵消城市化带来的不透水面积的增加。这是一种可持续性的供水方式。

⑨湿地　主要是指种植茂密植被的水体；主要从物理、化学和生物方面去除细小的悬浮沉积物和可溶性和不溶性污染物。湿地通常用作"管道末端"的处理措施，但最近的研究表明，它们在早期也起到了很好的作用。MUSIC 还可以模拟湿地永久性水池中水的再利用过程。

⑩一般处理节点　如果使用者有足够的数据来有效建模，MUSIC 允许用户对程序中不是特定节点的处理设备进行建模。例如，流量分流、流量稀释或下水道溢流造成的污染。在这些情况下，MUSIC 允许用户定义流量和水质的"传输功能"。

（3）MUSIC 模型的运行

MUSIC 收集了来自不同国家的不同处理措施（生物滞留系统、植草和多孔路面）对污染物去除效果的详细试验数据。每个试验场景都要设置一个单独的 MUSIC 模型。对于每种情况，试验人员需调整 MUSIC 的参数，以产生与试验中使用的处理系统相同的流动浓度。如果所需数据不可用，运行时使用的则是 MUSIC 的默认参数。MUSIC 模拟了每个试验案例中处理系统流出的污染物浓度，计算了特定处理系统的模拟污染物去除效率，并与试验结果进行了比较。为了评估模型模拟中的相对误差，使用以下公式计算相对均方误差（RMSE）值：

$$RMSE = \frac{\sum (Q_{obs} - Q_{mod})^2 / \sum Q_{obs}^2}{n} \tag{4-1}$$

式中　Q_{obs} 为观测值；Q_{mod} 为模拟值；n 为观测次数。

（4）MUSIC 模型的应用

MUSIC 模型主要在澳大利亚、新西兰等国家应用，用来评估绿色基础设施的径流量、污染物负荷和成本效益。MUSIC 模型是基于特定区域大量基础数据开发出来的，其使用存在区域性的限制。MUSIC 模型使用过程中，大量参数是默认值，能快速地模拟城镇化和雨水设施对径流量和水质的影响，水质方面能模拟 TP、TN、TSS 三种污染物。MUSIC 模型也具备对雨水设施优化设计的能力。

4.7.1.3　SWWM 模型

（1）SWWM 模型概况

暴雨管理模型（storm sater management model，SWMM）是美国国家环境保护总署（USEPA）提出的一个动态降雨—径流模拟模型，SWMM 模型能模拟城市雨水径流和排水管渠（雨水管渠及雨污混合管渠）的水量和水质情况，用于模拟城区尺度单场次或长期连续降雨事件。

（2）MUSIC 模型的运行

SWMM 模型的水文模拟是基于降雨强度、径流量、污染物负荷和汇水区域特性的产流模块以及基于地表渗透性分为透水和不透水（有洼蓄量和无洼蓄量）地表采用非线性水库法计算的汇流模块来实现，地面汇流计算如下：

$$Q = W / n(d - d_p)^{\frac{5}{3}} \cdot S^{\frac{1}{2}} \qquad (4-2)$$

式中　Q 为出流量（m^3/s）；W 为子汇水单元宽度（m）；n 为曼宁粗糙系数；d 为水深（m）；d_p 为滞蓄的深度（m）；S 为子汇水单元坡度（m/m）。

SWMM 模型所需的数据资料为气象资料、管网资料、下垫面数据、边界数据。气象资料包括降雨数据、蒸发数据；管网资料为研究区域内地下排水管道的长度、管径（或管道长与宽）、管道始末端的高程、还有雨水井或检查井深度高程等数据，其他排水设施和雨水设施如泵站、水闸、绿色基础设施等基础数据和运行方式；下垫面数据为土地类型、地形数据等。

（3）SWMM 模型的应用

SWMM 模型能模拟城市雨水径流的水量和水质情况水量包括峰值流量、径流深度（径流体积），水质含有 TSS、BOD、COD、TP、TN 等八种污染物。SWMM 模型模拟透水路面、雨水花园、街道花池、绿色屋顶、雨水桶、渗透池等雨水设施。

SWMM 模型的水力模拟是基于稳定流法（恒定流法）、运动波法、动力波法计算稳定流和非稳定流的管网汇流模型。SWMM 模型的水质模拟是基于不同功能区/土地利用的地表污染物累积模型和污染物冲刷模型。在实际工程中，SWMM 模型广泛应用于城市区域的暴雨内涝、雨污合流下水道溢流、排污管道以及其他排水系统的规划、分析和设计。SWMM 模型可用于海绵城市建设相关设施的规划、设计和评估阶段，特别是在新版 SWMM 5.1 中引入低影响开发的模块，该模块增加了对一些常用雨水设施如透水路面（permeable pavement）、雨水花园（rain gardens）、绿色屋顶（green roofs）、街道花盆（street planters）、雨水桶（rain barrels）、渗透沟（infiltration trenches）、植草沟（vegetative swales）、屋面雨水断接（rooftop disconnection）等的模拟和设计功能。SWMM 模

型是业内常用的模型，模拟精度高，适用于海绵城市建设主要指标验收和考核，如年径流总量控制率和污染负荷削减率。

4.7.1.4　Mike Flood 模型

（1）Mike Flood 模型概况

DHI（Denish Hydraulic Institute）是总部设于丹麦的一家著名的跨国科研及咨询公司，水信息学研究是其主要工作领域之一。其开发的 Mike 系列商业建模软件涉及水环境模拟的诸多领域，比如河口和海岸模拟、河流模拟、城市排水管网系统模拟、地下水系统模拟等。其功能强大，技术支持雄厚，已在世界范围内有广泛的工程实际应用。Mike Flood 是一个耦合的水力模型，能够完整模拟一维地下排水管网系统水流过程和二维地表漫流过程。

（2）Mike Flood 模型的运行

Mike Flood 集成了三个独立的软件模块：一维的 Mike Urban CS 城市排水管网建模软件，一维的 Mike 11 河道建模软件和二维的 Mike 21 海岸及地表漫流建模软件，根据不同的应用情境将其中的 Mike Urban CS 或者 Mike 11 与 Mike 21 进行动态耦合，以弥补各个模块单独模拟时的不足。Mike 11 用于模拟一维河道水体的流态，具备很强的计算能力，能够模拟长而复杂的河道。其计算引擎的核心是应用隐式有限差分法求解一维圣维南方程组来进行流体动力学模拟，即模拟河流水位和流量随时间和一维空间的变化。此外，它还集成了降雨径流模块，用于模拟闸门、堰、泵站等各种河道构筑物的构筑物模块，模拟溃坝的模块，模拟污染物扩散迁移的模块等，几乎涵盖了河流模拟的各个方面。然而，Mike 11 忽略了水流垂直方向和横向的变化，因此无法模拟出二维漫流的情境。

Mike Urban 是基于地理信息系统的用于模拟城市给排水管网系统的建模软件。其排水管网模拟模块（collection system，CS）能够模拟污水管道流，污染物迁移变化和生物化学反应过程等。整个排水管网系统的动态模拟能够划分为两个步

骤：降雨径流模块和管网水力模块。其中，降雨径流模块的输出结果恰恰是后者的上游边界条件。Mike Urban CS 亦是应用隐式有限差分法来求解一维的水流问题，即认为水流变量沿管道横断面没有变化。

与前两者相比，Mike 21 是一个二维模型，能模拟出水位流速等在水平方向的变化。可以应用于河流模拟，湖泊模拟，港口及海岸模拟，海洋模拟等。Mike 21 的计算内核有两个模式，一是应用隐式差分法求解圣·维南方程组，其生成的计算网格为矩形网格；二是应用有限体积法求解圣·维南方程组，其控制体积为三角形，生成的计算网格为灵活型网格。组成 Mike Flood 的这三个软件模块在单独应用时有其各自不同的应用领域和适用条件，优势和局限性。通过对它们的耦合能够拓展模拟的水环境规模，发挥各模块优势的同时，形成互补。

（3）Mike Flood 模型的应用

作为一个集成化的平台模拟软件系统，Mike Flood 能够模拟很多水环境领域的问题，如内陆洪水评估、绘制洪水风险地图，防洪措施的制定和模拟，城区内涝灾害应对分析，气候变化对水环境的影响评价，城市排水与受纳水体的交互式影响等。在获得更全面模型的同时，建模者可以节省相当的工作量。Mike Flood 的计算引擎能够进行并行的水力计算，从而使模拟时间大大缩短。同时，Mike Flood 这种一维和二维相耦合的新理念具有很高的灵活性，可以将需要详细模拟的内容用二维模块加以细化分析，可以在更完整的模型条件下对洪涝灾害的成因和风险进行更加细致的分析。例如，单独用 Mike Urban 或者同类型的排水管网建模软件仅能模拟管网水流情况，却不能模拟发生内涝处的地表漫流。Mike Flood 集合了 GIS 技术，为模型数据的导入提供了高效便利的条件，并使各种模拟结果的显示更加形象。由于综合了地下管网水力模拟（Mike Urban CS）和城区地表漫流模拟（Mike 21)，Mike Flood 对于模拟城市内涝灾害的发生具有独特优势。Mike Flood 可以模拟出城区内涝区域，以及在不同暴雨事件下各个内涝区的积水程度。无论是远离河流的城区由于降雨强度过大或者排水管网排水能力不足而导致的内涝灾害还是临近何流的城区受到河流泛滥而导致的洪水灾害，Mike Flood 都可以有效地进行模拟。在 Mike Flood 模型运行的过程中，Mike Urban CS 模块和 Mike 21 的水力信息交互是双向的。一方面，Mike Urban CS 的一维地下管网模型中超负荷的水量可以通过设定好的进水口溢流到 Mike 21 二维地表漫流模型中；另一方面，Mike 21 地表漫流模型中的地表径流可以通过进水口流入地下管网模型中。这种实时的、全面的交互式模拟能够准确呈现地表径流形成的过程，管网溢流的过程，以及地面积水的过程。

4.7.1.5　InfoWorks CS 模型

（1）InfoWorks CS 概况

InfoWorksCS 是 Wallingford 公司的标志性城市排水系统模型产品，早期的版本主要利用 WALLRUS 作为水力计算基础，使用 MOSQITO 管道水质模型模拟污染物。1998 年以后，该公司利用 Hydroworks QM 模型取代了早期的 WAQLLRUS 和 MOSQITO 并将之集成至 InfoWorks CS 之中。该模拟软件能够给市政给水排水工程提供别具一格和完整的系统模拟工具，同时可以仿真模拟城镇的水文循环，并对管网的局限性以及设计方案进行优化及分析，快速而准确地进行管网模拟。Wallingford 模型目前已经在国内各大水务及市政管理机构、学术和设计咨询公司得到普遍应用。相关学者通过运用 InfoWorks CS 模型，开展了不同城市的污水管网系统的总体规划设计；合流总管的水力模型和污染物模型，对城市整体排水体制的选择以及面源污染的控制规划和制定提供了技术平台支撑；建立了不同功能地块的排水管网情况进模拟模型，评价其排水管网系统的运行效能，为地块建设和应急排水预警提供了分析决策平台。

（2）InfoWorks CS 模型组成

InfoWorks CS 的主要计算模块包括以下的部分：

①集水区域旱流污水模块　主要用以分析并动态模拟城镇居民生活污水、渗入流和工业商业废水的入流情况。

②集水区暴雨降雨径流模块　通过利用分布式模型模拟并计算降雨的径流情况。

③管道流体计算模块　水力计算的模块主要利用圣维南方程式计算明渠流流动情况。

④集水区集水计算模块　可以自动提取积水区域的产流情况和相关汇水面积。

⑤实时控制模块　对溢流污染物和沉积物的排放，优化存储以及最小化资产使用情况。

⑥水质及沉砂输送模块　可以集成 UPM 水质模拟工具和 SIMOPL 类型输入输出报告功能，同时能够预测水质和污染负荷，提供沉积物和河床输送沉砂情况。

（3）InfoWorks CS 模型原理

①管流模型　根据模型的内核，InfoWorks CS 主要的管网系统基本单元包含管道、明渠、涵洞等，一般依据从节点到管线的结构进行概化计算。模拟的主要计算方程采用圣维南方程组，通过联立连续流方程和动量方程来进行渐变的非恒定流态求解计算。

模型的管道以及灌渠一般采用具有一定固定长度的两个管网网络节点进行表达。节点和连接之间的边界类型可以为水头损失或者为出水口。但是对于明渠或者封闭的管道系统，该模型提供了多种已经预先设定的断面形状，可以直接插入使用。管道以及明渠可以分配两个不同高度影响的粗糙系数用以定义管道和精细计算结果。

模型管道的主要计算公式是圣维南方程组：

$$\frac{\delta Q}{\delta x} + \frac{\delta A}{\delta t} = 0 \qquad (4\text{-}3)$$

$$\frac{\delta Q}{\delta t} + \frac{\delta}{\delta x}\left[\frac{Q^2}{A}\right] + gA\left[\cos\theta\frac{\delta y}{\delta x} - S_0 + \frac{Q|Q|}{K^2}\right] \qquad (4\text{-}4)$$

式中　Q 为流量（m³/s）；A 为横截面积（m²）；g 为重力加速度（m²/s）；θ 为水平夹角；S_0 为床层坡度；K 为输送量。

②压力管流模型　对于管道中部分可以使用

压力流模型而非全部求解的方程：

$$\frac{\delta Q}{\delta x} = 0 \qquad (4\text{-}5)$$

$$\frac{\delta Q}{\delta t} + gA\left[\cos\theta\frac{\delta h}{\delta x} - S_0 + \frac{Q|Q|}{K^2}\right] = 0 \qquad (4\text{-}6)$$

式中　Q 为流量（m³/s）；A 为横截面积（m²）；g 为重力加速度（m²/s）；θ 为水平夹角；S_0 为床层坡度；K 为输送量。

③渗透求解模型　渗透求解可以在如渗水性或者集水井等系统内部进行求解应用。透水介质模拟的基本模型方程为：

$$\frac{\delta Q}{\delta x} = 0 \qquad (4\text{-}7)$$

$$\frac{\delta Q}{\delta t} + gAn\left[\frac{\delta h}{\delta x} - S_0 + \frac{Q|Q|}{K^2}\right] = 0 \qquad (4\text{-}8)$$

式中　Q 为流量（m³/s）；A 为横截面积（m²）；g 为重力加速度（m²/s）；n 为孔隙度；θ 为水平夹角；S_0 为床层坡度；K 为输送量。

其流量的计算采用达西定律：

$$Q = -KA \cdot \Delta h / L \qquad (4\text{-}9)$$

式中　K 为水力传导性系数；A 为透水介质的横截面积；$\Delta h/L$ 为水力坡度。

（4）InforWorks CS 模型应用

①城市排水系统的现状评估、改造规划和新建城市化排水系统的设计与规划　应用于污水及排水总体规划或研究；现有系统能否容纳来自发展新区的额外流量；应用于污水处理厂的水力分析；评估气候变化对城市排水系统的影响等。

InforWorks CS 排水模型可应用于城市排水系统的现状评估、改造规划和新建城市化排水系统的设计与规划等各方面。相比于以推理法等理和工程经验为基础设计排水系统，排水模型具有不受条件限制，数值分析速度和效率高，耗时少，通用性等优势。能够高效改善城市排水和污染控制的设计、建设与管理。

②城市洪涝灾害的预测评估及解决方案的决策支持　城市排水与雨水系统辅助评估及管理；现有的合流系统和雨水系统在何时何地会出现溢流；预测不同地点的污染物负荷量、溢流位置和

溢流量；合流污水截流系统设计及分析。

排水模型可对任意的降雨条件、任意的水工构筑物运行状态和边界条件进行仿真模拟，为用户提供管渠流量、水位、流速、充满度，以及泵的启闭等宝贵信息。借助这些信息，我们得以评价排水管渠是否发生了超负荷或冒溢；当降雨量达到多大时，系统无法正常排涝。为了让系统能够正常排放规定设计暴雨重现期的雨水，需要进行改扩建的地址和规模。

此外，雨水系统的优化管理及可持续发展已经获得重视。调蓄池、草坪、绿化、透水性铺设等雨水优化设施已经逐步得到应用。借助模型，可以评价在城市化地区引入这些设施对径流的削减量，从而也能更好地推动这些措施的应用。

③合流系统污水排放污染情况的预测及改善方案的评估（CSO）确定合流制/分流制污水系统间歇性溢流问题的解决方案，预测污水可能对河道造成的污染程度，并制定相应的城市雨水水质评估及污染物负荷控制的改善方案；沉积物输移；污染负荷的预测。

合流制系统存在的合流污水溢流（CSO）问题是排水系统所面临的一个普遍问题。借助排水模型，不仅可以模拟一次降雨之后排水系统超出截流能力之后出现的溢流，而且利用长时间系列模拟功能，可以对当地平均年降雨情况下的全年暴雨导致的溢流量进行预测。在获得实测水质或直接校验水质模型后，可以对常见的溢流污染物如 SS、COD、BOD、TN、TP 等长期年均溢流负荷进行评估。相应的，可以根据溢流水体环境容量给出污染物允许排放量，转而为合流制系统溢流的改善提供依据，借助模型为优化合流系统调蓄能力和截流的运行提供支持，规划建设溢流调蓄池等改善措施的方案。

④城市径流控制及调蓄设计及评估　排水系统通常较为复杂，不仅具有重力流系统，还有水泵强排系统、圩区排放系统；还存在系统的雨污混接、入流与入渗，可能存在泥沙淤积，受到河道潮位等影响，这些复杂的工况只有借助水力模型才能准确地进行模拟，并且结合实际情况确定

出相关的解决方案，如增加调蓄设施，或利用现有的泵站调度能力，又或改变排水系统的排放路径等，从而最终确定最为合适的解决方案。

4.7.2　水文生态过程分析方法

4.7.2.1　城市水文生态过程阶段

城市水循环是一个复杂的时空动态系统，大致包括：降雨、产流、过程传输以及汇流四个阶段，而这四个阶段又分别对应："天"（降雨阶段）——"地"（下垫面产流"源"阶段）——"城"（市政管网传输"过程"阶段）——"水"（受纳水体终端"汇"阶段）四大水文生态过程。

基于"天""地""城""水"对城市水文生态过程进行多尺度、多维度、多目标的空间模拟分析，进而对绿色雨水基础设施海绵体的类型、位置、规模等进行有针对性的合理布局和规划设计，可以将复杂的城市水问题系统化、规划化以及可操作化。

4.7.2.2　两种理念与模式下的城市水文生态过程

（1）传统雨洪管理

传统的城市雨洪管理理念主要"以排为主"，采取以灰色雨水基础设施（gray stormwater infrastructure）——市政雨水管网为主的"硬排水"模式和"快排式"体制，将未经调蓄、处理的雨水几乎全部通过城市雨水管网系统收集、排放至受纳水体。加之市政排水基础设施的不健全、管网规划设计的不合理、设计标准较低以及维护管理等因素，造成雨水管网的排放压力极大，暴雨径流短时高峰往往无法及时排放，加剧了城市暴雨内涝的发生频率，也给受纳水体带来了极大的生态环境压力，尤其是初期雨水排放成为河道水环境的重要污染源，极易造成城市地区水生态环境的进一步恶化，以及宝贵的雨水资源浪费。

（2）生态雨洪管理

单纯依赖灰色基础设施的传统雨洪管理的弊端已经凸显，海绵城市生态雨洪管理理念倡导从传统的工程管网"硬排水"模式发展到生态雨洪管理的"软排水"模式，强调在城市水循环的不

同阶段，从系统性、整体性、全局性的高度，将绿色与灰色雨水基础设施"灰绿结合"，构建完整、系统的绿色雨水基础设施（海绵体）有机空间网络体系与格局，包括：大海绵、中海绵、小海绵以及微海绵系统，对城市水文生态过程进行"源——过程——汇"逐级生态雨洪管理调控，保证城市建设与自然水文平衡发展，让城市"弹性适应"环境变化与自然灾害（图4-3）。

一般认为城市雨洪管理可分为水量管理、水质管理、水生态管理和可持续管理，Fletcher等总结了城市雨水管理的主要目标为：①以可持续的方式管理控制城市水循环过程；②尽可能地维持天然状态下的径流体制；③保护和修复水质环境；④保护和修复水体生态系统；⑤雨水资源化利用；⑥强化城市景观设计和基础设施建设。城市雨洪管理的基本目标主要是雨水径流量控制、雨水污染控制和雨水资源化利用，关于城市水文生态过程的空间模拟应围绕水量、水质和资源化利用这三大核心目标。

4.7.2.3　城市水文生态过程空间模拟

（1）空间模拟基础数据库建设

利用3S技术，构建海绵城市空间模拟基础数据库是海绵城市水文生态过程空间模拟研究的

基础和前期重点工作。基础数据库包含三个子库，即遥感数据库、地理信息数据库和海绵城市规划数据库，主要包括：自然、生态、环境类和人文、社会、经济类等两大类数据。自然类数据主要包括：气候、土壤、水文（水系、地下水位等）、地形、高程、植被数据等；人文类数据主要包括：人口、产业、城市总体规划、城市控制性规划、土地利用现状、公共设施及基础设施等数据。将有关属性数据与空间数据进行相关处理后，通过关键字段建立关联，构建基于GIS环境的海绵城市空间模拟综合数据库（图4-4）。

（2）"天"——降雨模拟

降雨是城市水循环的起始环节，强烈的人为干扰活动导致城市下垫面和地貌的剧烈改变，使得城市局地气候特点和生态环境发生显著变化，城市极端暴雨事件的发生频率增加、强度增大，对城市降雨时空特征及雨型的模拟分析研究越来越受到关注。

①日降雨模拟　年径流总量控制率是海绵城市建设的核心指标，基于24h日降雨数据的选取至少需要近30年的日降雨（不包括降雪）资料，扣除≤2mm降雨事件的降雨量，将降雨量日值按照雨量由小到大进行排序，统计小于某一降雨的降雨总量在总降雨量中的比率，此比率即年径流

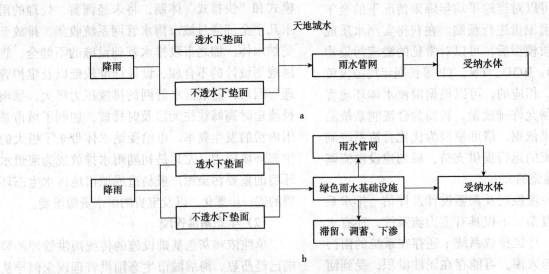

图4-3　两种理念与模式下的城市水文生态过程对比示意图

a.传统理念　b.生态雨洪管理理念

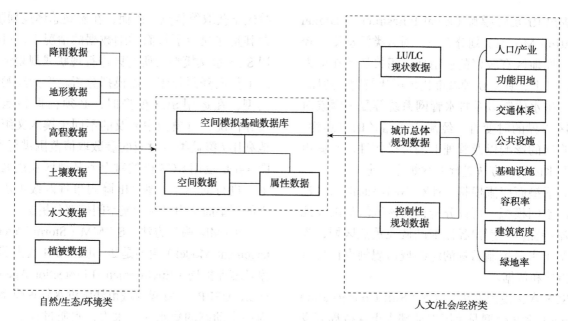

图4-4 海绵城市空间模拟基础数据库结构示意图

总量控制率。由于降雨具有明显的时空分布不均的空间异质性特征，因此，应尽量根据研究区的多年连续降雨资料进行分析，不能用大尺度降雨数据进行中小尺度区域的年径流总量控制率与设计降雨量之间的关系以及降雨时空动态变化特征研究。

②短历时强降雨模拟 短历时强降雨事件对城市内涝和雨水系统规划设计的影响较大，并且具有明显的地表径流污染物初始冲刷效应，因而不仅需要针对日降雨数据进行分析，还需要对研究区域的典型短历时强降雨事件进行模拟分析。暴雨的时空变化可用雨型表示，短历时暴雨雨型可以归纳为七种模式（图4-5），其中：Ⅰ、Ⅱ、Ⅲ类为单峰雨型，雨峰分别在前、后和中部，Ⅳ类为大致均匀的雨型，Ⅴ、Ⅵ、Ⅶ为双峰雨型。相关研究表明：在汇流历时内平均雨强相同的条件下，雨峰在中部或后部的三角形雨型比均匀雨型的洪峰大30%以上。目前，芝加哥雨型（Chicago Method）、Pilgrim & Cordery 雨型、Huff 法以及 Yen 和 Chow（颜本琦和周文德）等是进行典型降雨过程和设计暴雨时程分配时常用的方法。

（3）"地"——源头模拟

①汇水区划分模拟 汇水区（集水区）划分是构建分布式水文模型的重要步骤，通过汇水区划分可使用更丰富的数据来解释水文过程空间上的异质性，在一定程度上减少水文模拟过程中的不确定性，也是城市水文模拟调控的基础性且很有意义的工作。城市地区汇水区划分不仅受到地形地貌、城市水系等自然要素的影响，城市雨水管网、道路、高密度建筑物等人工因素也会强烈影响汇水路径与汇水区边界等，加上城市建设用地往往地形平坦，因而城市汇水区具有较强的复杂性和不确定性，是海绵城市规划设计中的难题。

目前，国内外采用的汇水区划分方式主要有：基于数字高程模型（DEM）的 D8 算法、多流向算法、Burn in 算法、DEMON 算法、DRLY 算法等。Duke 等考虑了人类活动对汇水区边界的影

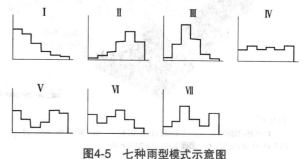

图4-5 七种雨型模式示意图

（依岑国平《城市设计暴雨雨型研究》改绘）

响,提出 RIDEM 模型(Rural Infrastructure Digital Elevation Model)划分方法,对人类活动影响较高的平原地区有较好的适用性。相关学者在前人研究基础上,针对快速城市化地区建筑物、道路、水系、排水体制以及排水管网系统等复杂因素对汇水区边界的时变性、经流入河路径的可达性、排水管网的影响以及管理上的可操作性,对城市地区汇水区划分方法进行了不断的改进。

②下垫面产流模拟 针对不同层面汇水区进行产流空间模拟,可以分析得出该区域降雨及地表产流特征,判别出径流削减调控重点区域,为后期基于水量控制目标的海绵城市规划设计提供科学指导和依据。

SCS 水文模型方法 SCS(Soil Conservation Service)水文模型是美国农业部水土保持局开发的一种用于估算降雨径流的经验统计模型,能够反映不同土地利用/土地覆盖、土壤类型、前期土壤湿润条件(antecedent moisture condition, AMC)等下垫面因素与人为活动对降雨径流的影响,具有机理清晰、结构简单、所需参数数目较少、参

数便于获取等特点。因而,在宏观总体规划阶段,尤其是在缺少下垫面详细数据的情况下,可以运用 SCS 水文模型对研究区进行现状或规划情景下的下垫面降雨径流产流模拟分析。作为经验统计模型,在运用 SCS 模型时,必须根据各地区的实际情况,对模型中涉及的不同土壤水文组和土地利用/覆盖类型对应的参数取值范围进行修正。图 4-6 是运用 SCS 模型对上海某地区在规划情景下,进行的一年一遇 24h 降雨事件两级汇水区层面的下垫面降雨径流产流空间模拟分析图。

SWMM 模型方法 SWMM(Storm Water Management Model)模型是 20 世纪 70 年代由美国国家环境保护局(Environmental Protection Agency of U.S., USEPA)发起的城市暴雨洪水管理模型,其为一个动态的集水文、水力、水质过程模拟于一体的降雨—径流模拟模型,并且充分考虑了城市地区的复杂下垫面条件和汇流不均匀的地表性质,因而可以应用 SWMM 模型,在中观、微观尺度或详细规划阶段,尤其是在下垫面资料数据比较翔实的情况下,进行高精度的下垫面雨洪模拟。图

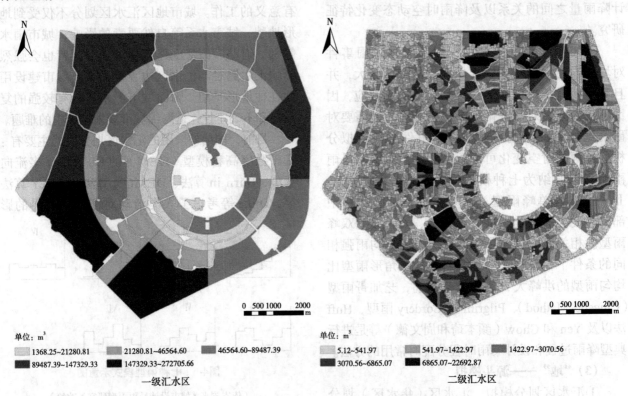

单位:m³

一级汇水区
- 1368.25~21280.81
- 21280.81~46564.60
- 46564.60~89487.39
- 89487.39~147329.33
- 147329.33~272705.66

单位:m³

二级汇水区
- 5.12~541.97
- 541.97~1422.97
- 1422.97~3070.56
- 3070.56~6865.07
- 6865.07~22692.87

图4-6 一年一遇降雨事件下地表径流产流空间模拟

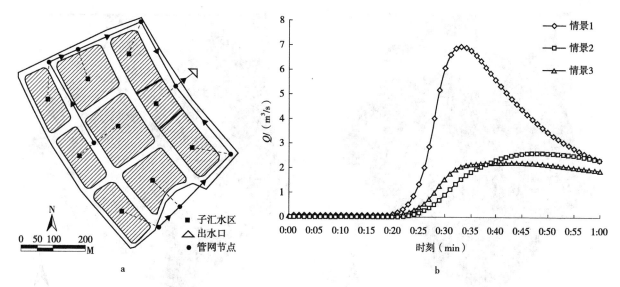

图4-7　研究地块子流域概化以及不同情景下排水管道流量对比图

a. 子流域概化　b. 不同情景模拟下的流量对比

4-7是运用SWMM模型对某地块进行的子流域概化以及不同情景下的出水口径流流量模拟分析图。

③径流污染物负荷模拟　随着工业和生活污染源等点污染源得到有效控制，降雨径流冲刷地表带来的非点源污染已经逐渐成为受纳水体污染的主要来源。水环境是海绵城市建设的重点，SS（固体颗粒悬浮物）削减率也是重要的定量调控指标。针对不同层面汇水区进行径流污染物负荷的空间模拟，可以判别出基于水质保护目标的径流污染物调控重点区域。

USEPA开发的BASINS（Better Assessment Science Integrating Point and Nonpoint Source, BASINS）系统中用来计算流域非点源污染（Non-Point Source Pollution, NPS）负荷的PLOAD（Pollution Load）模型，建立了土地利用类型与非点源污染负荷之间的关系，具有计算简单、所需参数较少、结果易于统计分析等特点，尤其适用于缺乏长期连续监测资料的区域地表降雨径流污染负荷的总量模拟研究。此外，SWMM、MUSIC、WinSLAMM等模型也可以应用于不同尺度城市地区的非点源污染负荷空间模拟研究。

例如，运用PLOAD模型对上海某地区进行了规划情景下的降雨径流污染物负荷空间模拟，并对氨氮（NH_3-N）、TP、TSS三种地表径流污染物单位面积污染负荷较高的区域进行综合空间叠加，得到了径流污染两级汇水区层面的重点调控区域（图4-8），后续对于这些区域的径流污染控制是保障区域水质和水体生态环境的重点。

④热岛与冷岛效应模拟　城市下垫面特性的强烈变化，尤其是硬化不透水表面比例的大幅度增加，是导致城市热岛效应显著的重要因素之一，与之相对应的是城市绿地、水体等则具有较好的调节区域小气候的冷岛（湿岛）效应，因而缓解城市热岛效应也是海绵城市建设的重要目标。图4-9是以南京市某地区为例，利用2016年4月12日LS8影像亮温波段解译数据，对该地区热岛效应和城市绿地、水体对温度的响应进行了空间模拟分析。结果表明：在热岛效应中，城市绿地、水体主要起降温作用；在冷岛效应中，城市绿地在低温区域起升温作用，在高温区域起降温作用。

（4）"城"——过程模拟

①管网排水模拟　雨水管网系统作为城市排水的主要方式和城市基础设施，其排水能力在很大程度上决定城市的水安全。目前，在城市管网排水模拟中应用较为广泛的两种模型是SWMM模

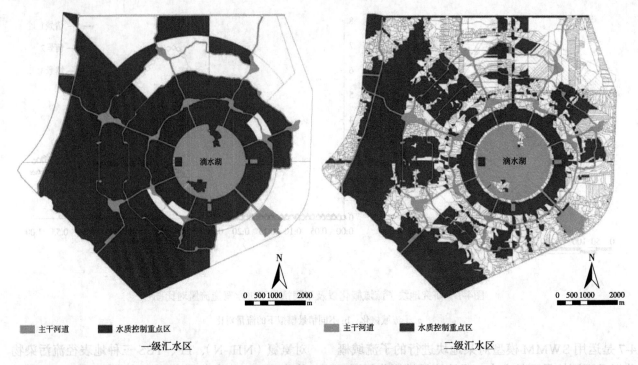

图4-8 径流污染重点控制区域空间模拟分析

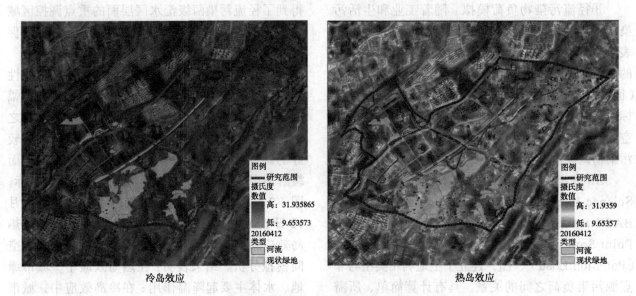

图4-9 热岛与冷岛效应空间模拟分析

型、InfoWorks CS 水力模型，SWMM 模型还考虑了不同类型的 LID（low impact development）调控措施与技术模块。

基于这两个模型平台，构建城市排水管网和区域排涝模型，利用研究区域实测降雨、径流等资料对模型进行参数率定和验证后，可以模拟在不同暴雨重现期下雨水管网的排涝能力，识别出区域主要积水黑点及管道满流和排水能力不足、可能发生堵塞的管段，以及整个排水管网的利用率分布情况，并结合雨水径流峰值削减、调蓄管/

池等措施，对城市管网排水能力进行评价和优化。

②雨水资源化利用模拟 海绵城市建设强调对于雨水的资源化合理利用，城市不同用地类型有着不同的土地利用方式和开发强度、人类活动行为特征，表4-5比较了不同城市用地类型的

其径流产汇流特征、雨水资源化利用需求以及雨水利用方式。雨水资源化利用空间模拟研究对于绿色雨水基础设施措施与技术的选择，尤其是雨水利用设施的位置与规模的确定有着重要的指导意义。

表4-5 不同城市用地的雨水资源化需求与利用方式

用地类型	径流特征	人类行为活动特征	雨水资源化利用	用水量指标	雨水回收利用需求	雨水资源化利用技术
城市绿地	径流污染浓度较低，径流产流较低	休闲游憩活动为主，人口密度较低	景观用水、绿化灌溉用水	0.1	低	利用景观湿塘、湿地等低洼地集蓄雨水
居住用地	不透水下垫面比例适中，建筑屋面与居住区道路径流污染浓度物相对较低	居住、安静活动为主，人口密度较高	生活杂用水、景观用水	1.2	高	建筑屋面雨水收集；结合人居环境建设景观水体
公共设施/公建商业综合用地	不透水下垫面比例较高，硬化地面径流污染物浓度高	办公、商业、娱乐活动为主，人口密度高	生活杂用水、景观用水、市政杂用水	0.8	高	建筑屋面雨水收集为主
道路用地	径流污染尤其是初期雨水污染物浓度很高	出行，流动性较强	市政杂用水，如：道路冲洗、消防用水等	0.2	低	污染控制为主，收集利用为辅

注：用水量指标参考中国《城市给水工程规划规范》（GB 50282—1998）和《室外给水设计规范》（GB 50013—2006）确定，单位为 $10^5 m^3/km^2 \cdot d$。

（5）"水"——终端模拟

河道是城市径流的汇流终端，具有雨洪调蓄、生境提供、生物多样性保护、景观游憩等生态系统综合服务功能与价值，也具有一定的水质自净能力。从河道水文—水动力—水质的耦合角度，集合水文学和水动力学、水环境学方法，结合一维、二维和三维模型，开展流域水文空间模拟研究，揭示不同时空尺度下水生态系统的响应规律，是当前城市水文学和雨洪管理领域的研究重点和热点。

城市水环境容量模拟可以有效分析城市水质污染状况，各区域污染负荷量以及污染物的空间分布状况。通过实地调查与资料收集，对流域水环境现状进行综合分析和评价，确定主要污染物控制因子，进行不同流量的水环境容量模拟计算，能够为决策者提供较为全面的信息。EFDC模型是当前广泛使用的三维水环境生态模型，已被集成为一个多模块的用户友好型应用软件EE（EFDC-Explorer），并已经成功应用于河流、湖泊、水库、

河口、海湾和海岸带等的水环境预测与评价、工程项目方案决策等。

流域水文模型将流域概化为一个系统，研究流域的输入因素（降雨、蒸发、前期含水量等）与径流输出因素（洪量、洪峰流量等）之间的数学关系和逻辑表达式，使其能够在一定的目标下代替实际水文系统，对流域的行为进行模拟和预测。目前，常见的流域水文水质模型软件主要有：AWMM、HSPF（Hydrological Simulation Program-Fortran）和 SWAT（Soil and Water Assessment Tool）等，较多应用于河道以及水体的水量和水质的模拟研究，已经越来越成为流域水资源管理的重要手段和发展趋势。

4.8 不同类型绿地雨水景观设计要点

海绵城市最后必须要落实到具体的"海绵体"，包括公园、小区等区域集水单元的建设，在

这一尺度对应的则是一系列的绿色雨水基础设施建设技术的集成，包括保护自然的最小干预技术、与洪水为友的生态防洪技术、加强型人工湿地净化技术、城市雨洪管理绿色海绵技术、生态系统服务仿生修复技术等，利用这些技术重点研究如何通过具体的景观设计方法让水系统的生态功能发挥出来。

4.8.1 公园绿地雨水景观设计要点

公园绿地提倡雨水的综合利用，公园内部的雨水利用和回收系统主要包括：雨水渗透系统、调蓄系统、回用系统、管道系统、外排系统五大部分。

①应通过调整竖向坡度，增加地表植被和粗糙度，减小地表径流，提供雨水下渗的途径。公园绿地与广场宜利用透水铺装、生物滞留设施、植草沟等小型、分散式低影响开发设施消纳自身径流雨水。充分利用植被体系，集蓄雨水，减少地表径流，收集的地表径流在雨水花园中得到初沉、净化。同时，限制地下空间的过度开发，为雨水回补地下水提供渗透路径。由于公园内部自身的绿化率相对较高，因此公园内部优先选用天然的渗透技术，直接将雨水进行渗透，来补给地下水。公园内部的小型广场、非机动车道等铺装地面，尽可能选择透水的材料。在铺装地面的坡度设置上，尽可能设置横向或纵向的坡度，以保证地面所形成的径流可以顺着坡度排至附近的下沉式绿地。对于那些无法设置透水铺砖的区域，应当对地面径流进行合理的引流，或者采用雨水管道等对雨水进行排除，尽可能渗透和消纳场地的雨水。

②应建立雨水净化收集系统，公园内部的绿地、广场及周边区域径流雨水应通过有组织的汇流与转输，经截污等预处理后引入以雨水渗透、储存、调节等为主要功能的低影响开发设施，消纳自身及周边区域径流雨水，并衔接区域内的雨水管渠系统和超标雨水径流排放系统，提高区域内涝防治能力。充分利用公园地形设计变化，如利用公园绿地中的广大开敞空间和自然山水环境，紧密结合雨水收集利用绿色基础设施，营造重力流引导下的雨水收集利用绿地，构建以路侧植被浅草沟、雨水花园、人工湿地主要设计元素的雨水收集利用绿地。低影响开发设施的选择应因地制宜、经济有效、方便易行。例如，在道路路侧设置植被浅草沟收集地表径流，同时公园绿地内采用下凹绿地形式，其管道渗透技术将多余绿地雨水沿管道汇入公园小型雨水花园，集蓄雨水。低影响开发设施内植物宜根据设施水分条件、径流雨水水质等进行选择，宜选择耐盐、耐淹、耐污等能力较强的乡土植物。如有景观水体的公园，宜设计雨水湿地、湿塘等。规划承担城市排水防涝功能的公园绿地，其总体布局、规模、竖向设计应与城市内涝防治系统相衔接。

③公园收集的雨水，应结合地形设计，汇入水体或经净化处理作为公园补充水源。公园水体设计应统筹考虑景观水体、滨水带等开放空间，设置湿塘、雨水湿地等集中调蓄低影响开发设施，并通过调蓄设施的溢流排放系统与城市雨水管渠系统和超标雨水径流排放系统相衔接。城市公园的雨水收集利用绿地的重点地段主要是滨水地带、雨水花园、人工湿地，其雨水收集功能主要依靠土壤与植物的共同作用来实现，因此其植物的配置至关重要，植物不仅能截留一部分雨水，同时植物本身还具有吸收各种有害污染物的功能，此外，植物根系的固土作用，可以防止因雨水的长期冲刷而引起的水土流失和地基层的松动。通过雨水湿地、湿塘等大型多功能调蓄水面，采取水质控制措施，提高水体的自净能力，消纳自身及周边区域的径流雨水，达到削减雨水径流总量及污染物的生态效果，同时注重发挥滨水沿岸和生态堤岸的植被体系的水质净化能力，有条件的可设计人工土壤渗滤等辅助设施对水体进行循环净化，形成滨水湿地风光带，吸引游人汇集观赏。调蓄设施内的雨水经生态处理或沉淀、过滤、消毒等物化处理后可回用于公园内的绿地灌溉和水体补水。超过生态雨水设施负荷的雨水经溢流管外排。

④城市公园绿地雨水植物景观设计要根据公园中不同类型的场所设计不同的植物空间，或开敞或半开敞或覆盖，也要根据不同的空间氛围来选择不同的植物种植类型。雨水花园、植被浅草沟、人工湿地的布置要灵活设计，根据公园的场地条件选择适合类型并形成系统。结合公园的游憩、休闲、娱乐功能，构建公园雨水花园—人工湿地系统，开辟城市新环境。合理设计植物空间，发挥植物的雨水净化收集作用，营造多种植物空间类型来满足市民休闲娱乐需要。公园雨水植物景观设计要展现粗放的管理方式，不留人工雕琢的痕迹。雨水花园营造的野趣环境为市民提供了自然的角落与休憩场所，为市民追求安宁祥和的生活提供更多的选择，满足城市居民日益增长的对自然和乡野的向往之情。多选用乡土植物，选取合适品种做适应性试验，能使公园在很大程度上节约支出、减少管理费用。公园绿地中雨水收集利用绿地植物分布，应依据设计水文条件进行。公园中滨水绿地的湿地、雨水花园植物在雨水收集、净化中起到生境过渡与缓冲作用，因此在水平结构设计中需考虑永久性淹没区、间歇性淹没区、临时性淹没区与非淹没区。永久性淹没区中配置不同类型的水生植物实现水体生物膜净化。间歇性淹没区结合水生和湿生植物实现水体过滤与吸附净化。临时性淹没区与非淹没区通过陆生植物缓冲带的设计实现可持续水体净化过程。在植物景观垂直结构方面，应依据植物生态习性进行。其中，植被浅草沟、雨水花园、人工湿地植物垂直层次需要根据植物景观生态学进行群落设计，将植被划分为水生、湿生、陆生植物三个层次构建。水生植物园包含挺水、浮水、沉水植物，湿生植物包括草本和木本，这些植物在不同的垂直层次上发挥着不同的生态位功能，建立起生态圈垂直结构。除了收集雨水的功能植物，还要促进城市的生物多样性，在选择植物时应尽量选择花香型吸引昆虫植物或鸟嗜型植物。同时，在植物的选择上应特别注意排除有毒的、妨碍交通和有安全问题的植物。此外，还要注意植物选择的多样性原则，以便于维持其自身生态系统的稳定

性，避免同种植物蔓延，导致城市公园雨水收集功能的丧失。

⑤城市公园的雨水绿色基础设施，如雨水花园、人工湿地等，应展现自然野趣生态之美。虽然属于人造景观。但是因为其特有的生态特色，用充分展现出自然野趣。雨水花园、人工湿地植物景观的重要意图在于恢复原有自然水循环改善自然条件。设计内涵需体现尊重自然、保护自然、再现自然的自然发展观，自然之美便是雨水花园的内在美。因此，城市公园雨水花园、人工湿地植物景观，要以无拘无束的自然形式给人们传达天然而纯净的心灵感受传达野趣魅力。例如，雨水公园中的人工湿地景观，以清澈的水面和自然植物群落的美好形象，改变了城市以往雨水积聚后垃圾四溢环境的传统观念。雨水花园、人工湿地潜在影响着市民的素质，对市民的生态知识起到很大的科普作用。城市公园中雨水花园、人工湿地其所具有的生态价值是毋庸置疑的。雨水花园在之前所述的水资源综合利用、雨水洪涝调节、水质净化、雨水渗透等水处理利用方面表现出了其生态性。也对城市小气候调节、城市水面增加、城市绿地增加等具有生态意义，也具有教育意义，应为游人提供丰富多彩的游览体验，成为生动的科普教育场所。

4.8.2 建筑与广场雨水景观设计要点

建筑及周边场地的雨水景观技术途径，一般是在建筑雨落管下的地面上设置高位花坛或雨水收集设施，屋面雨水的径流在经过高位花坛等位置的时候，进行雨水的净化，最终流入附近的绿地。其次就是绿色屋顶的设计，在满足绿色屋顶结构负荷要求的条件下，尽可能地去进行绿化的设置与雨水处理设施的搭配。绿色屋顶的作用，不仅仅可以净化和吸收雨水、减小屋面径流，还可以有效调节建筑室内的温度变化，缓解城市热岛效应。

广场绿地在城市绿地建设中所占比重较大、建设空间较为灵活。相对于其他类型绿地，广场绿地在绿地斑块数量上占有一定优势，且养护水

平较高，对城市生态效益贡献也非常重要。基于上述特点，广场绿地可作为海绵城市体系中的面状元素，成为处理城市中分散的、小范围雨水径流的重要措施，这不仅可以实现对雨水的源头控制，有利于雨水的再利用，也可以节省资金、节约资源。对面积较大的铺装广场、停车场等应尽量采用透水铺装，使雨水渗入地下，补充地下水。常用的透水材料有渗水性地砖、嵌草砖、各种疏松粒料、多孔沥青与无砂大孔混凝土等。停车场两旁的绿地宜采用下沉式处理或植被浅沟、雨水盲沟、雨水花园等进行雨水滞留、净化和收集，由暴雨产生的过量雨水再通过溢流管排入附近雨水管网。

在雨水景观植物配置方面，首先考虑其乡土特性及抗污染性。乡土植物有良好的环境适应能力。雨水景观植物不同于一般的园林植物，其生长环境比较恶劣，需要长时间接受雨水的冲刷，且由于环境的污染，城市中雨水受污染较严重，因此所收集的雨水污染较严重。植物主要是靠附着生长在植物根区表面及附近的微生物来去除雨水中的污染物，从而达到净化雨水的作用。选择既耐水湿又耐干旱的植物，具备雨季和旱季都能存活的特点，特别是在雨季时要保证在水中浸泡数小时仍能存活。同时选择年生长期长的植物，最好是常绿植物或冬季半枯萎植物，以在冬季也能满足雨水景观设计的运行，兼顾观赏功能与生态服务功能。

4.8.3 道路绿地雨水景观设计要点

道路雨水应以控制面源污染为主。视道路类型不同，可适当设置入渗及调蓄设施。海绵型道路绿地初期雨水径流，应采用雨水花园、环保雨水口、生态树池等雨水净化设施处理后入渗、滞留或排放。为了防止道路绿地汇集的雨水水质过差，可以在雨水污染较为严重的区域，设置第一道防护措施，即初期雨水自动弃流装置，其内部的雨水则需要排至污水管网统一处理或者进行集中统一的净化处理。北方地区有降雪的城市，还应采取措施，对含融雪剂的融雪水进行弃流，弃

流的融雪水宜经处理（如沉淀等）后，排入市政污水管网。

①雨水系统　城市道路径流雨水应通过有组织的汇流与转输，经截污等预处理后引入道路红线内、外的绿地内，并通过设置在绿地内的以雨水渗透、储存、调节等为主要功能的低影响开发设施进行处理。低影响开发设施的选择应因地制宜、经济有效、方便易行，如结合道路绿化带和道路红线外绿地，优先设计下沉式绿地、生物滞留带、雨水湿地等。设计策略上，应结合道路附属绿地，在路面下坡末端的道路绿带中可应用生物滞留设施，设施宽度不宜低于2m。设施路沿的雨水入流口布置为均匀开口方式，利于坡面径流分散进入绿地，避免集中式进水造成植物冲刷倒伏，建议入流口开口大小50~100mm，间隔1000~1500mm。道路路面可设置引流槽，即在路面开凿下凹深度约150mm的方形槽，可快速截断路面径流，将雨水引入两侧的绿地内。道路两侧的生物滞留带顺应路面坡度布置，纵坡大于4%时设置径流拦截坝，以减缓坡面径流速度，拦截坝布置间距不宜过密。对于排洪压力较大的区域，道路绿地的LID设施可通过溢流口连接到街旁公园或防护绿地的湿塘或调节塘。

②路面排水　宜采用生态排水的方式，也可利用道路及周边公共用地的地下空间设计调蓄设施。路面雨水宜首先汇入道路红线内绿化带，当红线内绿地空间不足时，可由政府主管部门协调，将道路雨水引入道路红线外城市绿地内的低影响开发设施进行消纳。当红线内绿地空间充足时，也可利用红线内低影响开发设施消纳红线外空间的径流雨水。低影响开发设施应通过溢流排放系统与城市雨水管渠系统相衔接，保证上下游排水系统顺畅。

③道路断面设计　应优化道路横坡坡向、路面与道路绿化带及周边绿地的竖向关系等，便于径流雨水汇入低影响开发设施。规划作为超标雨水径流行泄通道的城市道路，其断面及竖向设计应满足相应的设计要求，并与区域整体内涝防治系统相衔接。

④道路路面设计　机动车路面适宜路段可采用面层透水沥青混凝土或透水型混凝土路面。非机动车道路面（人行道、自行车道）应采用透水性路面；人行道一般采用透水砖；自行车道应采用透水水泥混凝土路面或透水混凝土；路缘石宜采用开孔路缘石（立道牙）或其他形式，确保道路雨水能够顺利流入绿地。

⑤道路附属绿地　≥1.5m 道路侧分带宜建设雨水花园；有绿化带的道路，为增大雨水入渗量，绿化带内可采用其他渗透设施，如浅沟渗渠组合系统、入渗井、雨水花园等；在有坡度的路段，绿化带应设计微地形；道路雨水径流宜净化后引入两边绿地入渗。立交桥半岛绿化可设置雨水调蓄池或人工湿地等设施，进行雨水处理或储存。雨水调蓄池或人工湿地可兼有雨水净化、滞蓄、入渗功能，处理达到相应标准后的雨水在非雨季时可用于灌溉和浇洒道路。

⑥道路防护绿地　道路防护绿地对水源涵养、雨洪调蓄、径流污染控制、水土保持发挥着巨大作用。道路防护绿地多呈条带状，主要集中在中心城区边缘，可作片区级绿地为雨水径流的传输通道，部分可以与道路附属绿地相配合，能够对绿地内部和外部径流进行滞留、下渗，以缓解内涝问题。这一类型海绵城市型绿地需要结合城市雨水管道，形成雨水径流的传输系统。因此，对于防护绿地应提高森林覆盖率和复层绿化覆盖率，预留或规划构建区域水生态安全格局。其中，雨水净化设计应与蓄水充分结合，通过渗透、存储、调节、传输与净化等过程实现对雨水的净化处理。道路防护绿地应结合用地性质与场地条件（降雨量大小、径流量大小、污染程度、汇水区位置及面积、土壤类型及结构、绿地空间形态及结构等），进行雨水资源利用的需求分析，并确定适宜的净化技术，有效利用生物滞留设施、渗透塘、湿塘、雨水湿地、调节塘、植草沟和植被缓冲带等设计方法与技术，实现对雨洪净化和利用的有效管控。

⑦排水系统　雨水口宜采用有净化功能的雨水口；绿化带内的雨水管可采用渗透管或渗排一体管；市政道路沿线可因地制宜建设雨水调蓄设施。天然河道、湖泊等自然水体应为雨水调蓄设施的首选；也可在公路沿线适宜位置建人工雨水调蓄池；土地条件许可时，道路雨水可就近引入邻近的公共绿地或防护绿地内的雨水生态塘或人工湿地，进行处理或储存。雨水生态塘和人工湿地应兼有雨水处理、调蓄、储存的功能；经雨水生态塘和人工湿地处理达到相应标准后的雨水在非雨季时可用于灌溉和浇洒道路；在纵坡较大等路段可考虑设置复合横坡。

4.8.4　居住区绿地雨水景观设计要点

居住小区是居民、自然环境、社会环境三者构成的系统，是室内外绿地综合体，其本身的构成也都是由各种因素有机整合而成。居住区海绵绿地应与场地总体规划、雨水管渠系统进行统筹考虑，提出合理的雨洪控制利用目标。在规划设计前，应对设计区域内的水文条件和高程进行细致分析，在得到水文以及高程数据并进行分析之后，再进行雨水景观的详细规划设计。设计时应将多元的环境要素加以整合，强调整体环境意识和观念，把居住小区雨水景观设计作为城市绿色基础设施的战略节点之一，要求其结合绿网和水网实现生态合力最大化。同时，合理布置各种景观场所，契合居民的游憩观赏需求，通过海绵雨水景观创造多样的空间体验，满足不同区域内的视线要求和尺度多样的活动空间。良好的规划设计能够组织、吸引居民们的户外活动，满足老人、儿童在小区内的雨水花园中活动、游憩、观赏、交往的需求，给予雨水花园亲切宜人的艺术感召力，以达到赏心悦目、精神振奋的心理效应。

新建小区宜优先利用居住区绿地内的小型、源头式的技术设施消纳自身建筑、道路、广场的径流雨水，同时利用景观水体、多功能调蓄等大型雨水调蓄设施统筹兼顾自身及周边区域径流雨水的控制。已建小区宜结合有机更新、植物维护、景观提升等途径，逐步通过雨落管断接、管道截流等方式，实现绿地的雨水调蓄功能。

居住绿地在满足改善生态环境、美化公共空间、为居民提供游憩场地等基本功能的前提下，应结合绿地规模与竖向设计，在绿地内设计可消纳屋面、路面、广场及停车场径流雨水的低影响开发设施，并通过溢流排放系统与城市雨水管渠系统和超标雨水径流排放系统有效衔接。低影响开发设施内植物宜根据水分条件、径流雨水水质等进行选择，宜选择耐盐、耐淹、耐污等能力较强的乡土植物。

居住区雨水景观植物造景，遵循植物造景的相关美学规律，注重植物的多样与统一，使居住环境内的雨水花园内植物既有统一性，又有区域可识别性，使植物差异性与统一基调相结合。植物种植与周围建筑环境契合，体现协调的美感。科学合理地选择和合理地应用植物材料，充分发挥植物的生态功能。植物种植选择上避免种间竞争，合理利用竖向空间，形成结构合理、功能齐全、种群稳定的复层群落结构。居住区合理的植物种植，能够在一定程度上调节区域内小气候，减少热岛效应，对维持碳氧平衡、吸收有毒气体、吸收有毒气体、吸滞粉尘、杀菌、降噪减污具有一定的作用。

4.8.5　滨河绿地雨水景观设计要点

在城市河道周边，应合理规划滨水绿地范围并制定雨水相关控制指标，或结合城市有机更新、河道整治，衔接和落实水体岸线自然化率等控制指标，充分利用滨河绿地的综合功能，使之成为地表径流进入河湖水系之前的缓冲与屏障。滨河绿地具有较强的水质净化功能，这类型的绿地紧靠大尺度的水面，因此能够接收外源雨水。可结合周边滨水公园绿地，与公园绿地一同起着雨水径流收集终端的职能。

同时，可以与河道设计相联系，在河道两岸绿地、滨水带等区域，开辟为湿塘、湿地，与河道一并发挥一定的调蓄容积，且湿地、湿塘可有效削减污染物，并具有一定的径流总量和峰值流量控制效果。在雨水进入主体湿塘、湿地前要进行预处理，设置弃流、沉淀、过滤等装置，使雨水被过滤和净化后进入湿地。对于已经被人为改变了的湿地，要根据气候、降雨、水文、土壤等条件，尽量使其恢复到自然状态，使其对雨洪管理更有效率、更富弹性和适应性。通过水系的串通、水系生态的恢复，形成一个针对周边整个水文系统的蓝绿空间海绵体。

岸线与驳岸的生态化设计，应考虑尽可能设计自然驳岸，重建自然生态河漫滩，将裁弯取直、硬化的河道恢复成弯曲的自然状态，允许暂时性的淹没。水体驳岸应以自然驳岸为主，驳岸形态分自然式和规则式两类，两者也可以结合使用，创造丰富的岸线景观。硬化驳岸隔断了水体与两岸土壤的联系，同时增加了水流速度，加速了洪水的聚集。驳岸的生态化处理有助于减小水流速度，增加水分渗透，同时有利于雨水径流的净化，起到植物缓冲带的功能。驳岸及护坡可采用生态材料，包括生态混凝土块、木桩、石笼、生态袋、生态砖、卵石砂石缓坡、草坡等，工艺技术及适宜坡度范围应参见新型材料的技术要求。岸线应设计为生态驳岸，并根据调蓄水位变化选择适宜的水生及湿生植物。驳岸的高度及水的深浅设计宜满足人的亲水性要求，驳岸顶宜贴近水面，以人手能触摸到水为最佳。亲水环境中的其他设施（如水上平台、汀步、栈桥、缆索等），也应以人与水体的尺度关系为基准进行设计。

复习思考题

1. 简述雨水景观的设计要素与设计内容。
2. 总结不同尺度的海绵雨水系统的构建原则与任务。
3. 简述雨水景观源头—过程—终端设计的设计要点。
4. 总结雨水景观设计的相关设计目标、设计指标及其释义。
5. 简述雨水景观设计的技术途径以及设计流程。
6. 归纳总结雨水景观设计模拟分析方法与技术。

推荐阅读书目

1. 景观设计学——雨水适应性景观. 北京大学景观设计学

研究院著 . 中国林业出版社，2012.

2. 雨水园：园林景观设计中雨水资源的可持续利用与管理 . 奈杰尔 · 邓尼特，安迪 · 克莱登著 . 周湛曦，孔晓强，译 . 中国建筑工业出版社，2013.

3. Artful Rainwater Design: Creative Ways to Manage Stormwater. Stuart Echols，Eliza Pennypacker，Island Press，2015.

4. 绿道与雨洪管理 . 弗里克 · 卢斯 . 广西师范大学出版社，2016.

5. PCSWMM 雨洪管理模型理论与应用 . 加拿大计算水力研究所（Computational Hydraulics International）著，于磊，龙玉桥，译 . 环境科学出版社，2019.

第5章

雨水景观案例

5.1 城市与区域尺度案例

5.1.1 美国洛杉矶主干河流雨水系统绿色通道

美国洛杉矶主干河流雨水系统绿色通道（Green Channel of Main River Rainwater System）位于美国洛杉矶地区，为长约300km的河道绿色通道（图5-1），项目获得2017 ASLA研究类荣誉奖。面对大洛杉矶地区的河道渠化、街道阻断、城市径流污染

所导致的受纳水体天然自净过程受阻、支流系统连接破碎化、水质受损等问题，一个由多方共同组成的主干河流雨水系统绿色通道（GRASS）工作小组得以成立，旨在通过构建自然和人工绿色通道，恢复整个流域水系统的完整性。

GRASS项目历经GRASS I、GRASS II两期。在I期阶段，工作小组针对洛杉矶众多街道阻断了相互连接的支流系统的现状问题，借助地理信息系统（GIS），建立了基于街道分类最新数据的地理设计模型系统，判别出可以服务于社区和建筑

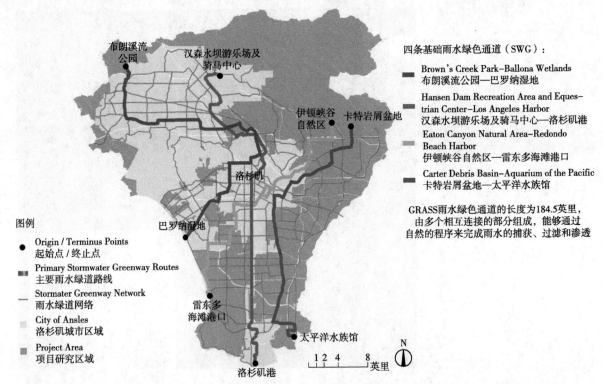

四条基础雨水绿色通道（SWG）：

■ Brown's Creek Park–Ballona Wetlands
布朗溪流公园—巴罗纳湿地

Hansen Dam Recreation Area and Equestrian Center–Los Angeles Harbor
汉森水坝游乐场及骑马中心—洛杉矶港

Eaton Canyon Natural Area–Redondo Beach Harbor
伊顿峡谷自然区—雷东多海滩港口

Carter Debris Basin–Aquarium of the Pacific
卡特岩屑盆地—太平洋水族馆

GRASS雨水绿色通道的长度为184.5英里，由多个相互连接的部分组成，能够通过自然的程序来完成雨水的捕获、过滤和渗透

图例

● Origin / Terminus Points
起始点 / 终止点

■ Primary Stormwater Greenway Routes
主要雨水绿道路线

— Stormater Greenway Network
雨水绿道网络

City of Ansles
洛杉矶城市区域

Project Area
项目研究区域

图5-1 美国洛杉矶主干河流雨水系统绿色通道

的"支流"连接通道路径，展开定量分析与规划决策，旨在恢复遍布整个城市街道路面的自然功能。

在Ⅱ期阶段，针对项目Ⅰ期在人性化的优先次序、政治机会以及综合决策等有效整合方面的不足，进一步补充收集了生物物理和社会文化数据。随着当地从业者的实践和再设计，系统模型日趋完善，并展开了评估工作。最终形成了由4条基础雨水绿色通道（SWG）、次级雨水绿色网络共同构成的，将雨水设施连接为一个整体性多模式联运系统。该系统由多个相互连接的部分组成，

构建了能够通过自然过程来完成雨水的捕获、过滤和渗透等的雨水管理绿色通道体系，涉及步道、自行车道、公交车道和既有的水渠等。

5.1.2　丹麦哥本哈根暴雨方案：蓝绿规划设计的战略性干预过程

丹麦哥本哈根暴雨方案（The Copenhagen Rainstorm Plan：A Strategic Intervention Process of Blue-green Planning and Design，Copenhagen，Denmark）位于丹麦哥本哈根，项目面积约10km²（图 5-2），项目

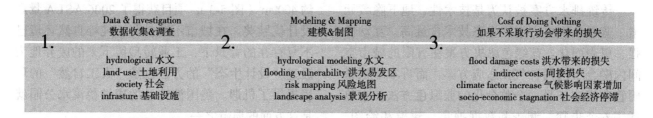

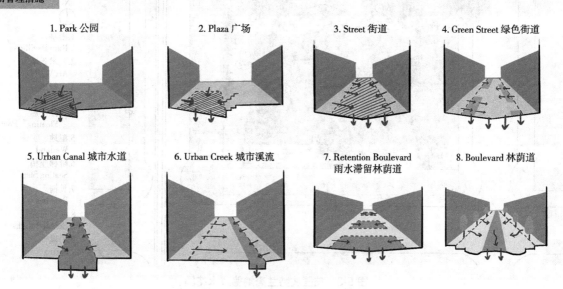

图 5-2　丹麦哥本哈根暴雨方案

获得 2016 ASLA 分析及规划类杰出奖。受全球气候变化的影响,哥本哈根在 2011 年 7 月 2 日不到 2h 内遭受了千年一遇的极端暴雨,并造成约 10 亿美元的损失;此后哥本哈根多次遭到暴雨重创。为应对气候变化的综合效应,哥本哈根提出了哥本哈根暴雨管理模式(Copenhagen cloudburst formula),这是一种灵活且极具适应性的模型,利用蓝绿色解决方案将城市规划、交通、水力分析与合理投资策略融合,极大减少极端暴雨事件的影响,提升城市宜居性。并通过成本效益分析(对 10km² 水域进行研究)得出,仅依靠管道系统减缓暴雨会减少 2 亿多美元的投资成本。

传统排水方案被认为是技术性、地下隐藏元素;蓝绿色解决方案则生态技术含量高、互动性强、更表面化。蓝绿色解决方案在有限的城市空间内融合了这两种气候适应方案,而哥本哈根暴雨管理模式正是一个整合化的蓝绿色方法,它包括了 6 个步骤:调查和数据搜集、建模和绘图、不干预成本估算、设计和应用、参与和迭代、暴雨经济分析。该管理模式将建筑、现有背景与蓝绿色改造方案结合起来,减少了极端暴雨事件影响,构建了弹性城市生态水景,有助于增长经济寿命、提高城市的生活质量和市民的幸福感。

5.2 公共空间雨水景观案例

5.2.1 美国波特兰唐纳德溪水花园

美国波特兰唐纳德溪水花园(Tanner Springs Park, Portland, U.S.)位于美国波特兰市,项目面积约 4000m²(图 5-3),项目获得了 2006 ASLA 景观设计优胜奖。在城市不断扩张、纯粹自然环境已不复存在的背景下,工业转型留下来的废弃地为通过"设计生态"的方法创造"人工自然"的环境提供了机遇。美国波特兰的唐纳德溪水公园就是这方面的典范之一。

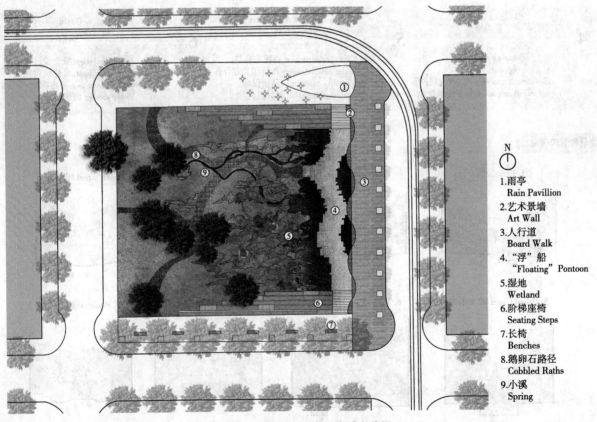

N

1.雨亭
 Rain Pavillion
2.艺术景墙
 Art Wall
3.人行道
 Board Walk
4."浮"船
 "Floating" Pontoon
5.湿地
 Wetland
6.阶梯座椅
 Seating Steps
7.长椅
 Benches
8.鹅卵石路径
 Cobbled Raths
9.小溪
 Spring

图 5-3 美国波特兰唐纳德溪水花园

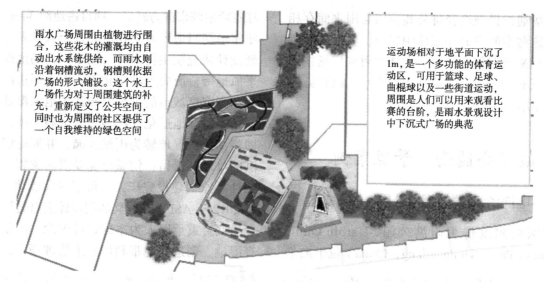

雨水广场周围由植物进行围合，这些花木的灌溉均由自动出水系统供给，而雨水则沿着钢槽流动，钢槽则依据广场的形式铺设。这个水上广场作为对于周围建筑的补充，重新定义了公共空间，同时也为周围的社区提供了一个自我维持的绿色空间

运动场相对于地平面下沉了1m，是一个多功能的体育运动区，可用于篮球、足球、曲棍球以及一些街道运动，周围是人们可以用来观看比赛的台阶，是雨水景观设计中下沉式广场的典范

图 5-4　荷兰鹿特丹雨水广场

唐纳德溪水公园位于美国波特兰市俄勒冈州的一个繁华街区，在被开发为工业用途之前是一块湿地，设计者以此为目标，设想"用现代的新技术来再现过去"，试图在这块工业废弃地上重现其湿地的渊源，并以水和湿地栖息地作为新公园的特色。场地的生态修复和重建不仅仅是为了怀旧和补偿，更重要的是将其创造成为当今服务公众的新景观。

公园设计充分利用了基地地形从南到北逐渐降低的特点，收集来自周边街道和铺地的雨水。收集雨水的亭子建成叶片的形状，是唐纳德溪水公园创新性最大的亮点。其种植植物种类随坡地高低变化而异，反映了场地土壤含水量从干到湿的变化过程。收集到的雨水经过坡地上植物过滤带的层层吸收、过滤和净化，多余的雨水最终以溪水和喷泉的形式进入公园。公园充分展示了景观设计作为一种"人工自然"的生态介入，能模仿自然特性并借用自然元素来构建人工化的生态新秩序，从而创造出一个接近自然条件、混合人类使用与自然特征的"人工自然"新环境。

5.2.2　荷兰鹿特丹雨水广场

荷兰鹿特丹雨水广场（Rain Plaza, Rotterdam, The Netherlands）位于荷兰鹿特丹，项目面积约500m²（图 5-4）。鹿特丹是荷兰第二大城市，地处海平面以下，经常面临海水倒灌、洪水泛滥的威胁，并可能随着极端天气加剧更为严峻。为解决这一问题，荷兰制定了"水规划"，鹿特丹雨水广场就是在"水规划"指导下实施的案例之一。

雨水广场主要有两部分：运动场和其中的山形游乐设施。运动场相对于地平面下沉1m，周围是人们用来观看比赛的台阶。山形游乐设施由处于不同水平面的可坐、可玩、可休憩的多个空间组成。广场周边由草地与乔木围合而成，平时是一个干爽的休闲空间，即便在正常的雨季广场仍能保持干燥，雨水随时渗入土壤或被泵入排水系统。当遭遇强降雨时，收集的雨水将从特定的入水口流入广场中央，短时暴雨只会淹没广场的一部分并形成溪流与小池景观；若暴雨期与强度延长，雨水广场将逐渐被淹没最终成为一个蓄水池，广场最多可以容纳1000m³的来自社区范围内的暴雨。

设计师还考虑了水卫生和水安全问题。为了让孩子们安全地在水中游戏，雨水在汇入广场之前要先通过净水系统进行过滤净化，然后才逐步引入广场或排至附近水体，这也避免了污水溢流造成二次污染。对于雨水广场注满水时的安全问题，设计师采用一套结合公共空间美学的警示系统，这套系统通过色码灯对不同水深做出指示。此外，还设计了简单的边界护栏，防止年幼孩子进入注满水的广场，以保障他们的安全。

广场通过景观途径将公共空间与雨水储存相结合，这些空间平时用于休闲娱乐，但在暴雨时可以被用来暂时储存雨水。这样的雨水广场在丰富城市景观的同时，又起到缓冲雨水、改善城市水质的作用。

5.3 城市公园雨水景观案例

5.3.1 中国哈尔滨群力雨洪公园

中国哈尔滨群力雨洪公园（Harbin Qunli Stormwater Park，Heilongjiang，China）位于黑龙江省哈尔滨市群力新区，项目占地约34hm²，2009年年中受当地政府委托由北京土人景观与建筑规划设计研究院主持设计（图5-5），场地处于低洼平原地带，历史上洪涝频繁。由于周边的道路建设和高密度城市的发展，导致场地内湿地面临水源枯竭、湿地退化并将消失的危险，项目旨在将即将消失的湿地转为雨洪公园，并同时解决其雨洪的排放和滞留，使城市免受洪涝灾害。项目于2011年全面建设完毕，获得了巨大成功，并取得了2012年ASLA专业奖通用设计杰出奖等奖项。

项目秉承以人为本的设计理念，尽量保留原有湿地、创造坡地带利用地形管理雨洪，分别对

图5-5　中国哈尔滨群力雨洪公园

1.空中步道（Sky Walk）　2.景观塔（Tower）　3.过滤池塘（Filtrating Ponds）　4.覆盖了桦树的土坡（Mounds Covered with Birch Tree）　5.座椅（Seats）　6.入口（Entrance）　7.展馆（Pavillions）

水、布局和生境采用了不同的设计策略。雨洪公园设计重点是对水源、水流、水量的合理规划控制，将公园内的水系与城市水网连通，构建公园内的生态水网，并依据生态水网的布局设计一级淹没区、二级淹没区和三级淹没区。为了节约城市水资源、减轻湿地的供水负担，为湿地公园设计了整体的雨水收集与利用系统，主要包括公园场地本身的雨水收集和北部文化娱乐、居住以及道路用地的雨水收集两部分。公园自身收集的雨水直接利用场地内部的原生湿地和外围的人工湿地，而北部则是通过收集管网、地下的蓄水装置、人工湿地泡来实现汇水过程。收集的雨水直接利用于人工湿地当中，当雨水量大时，雨水随地势由人工湿地流向内部原生湿地区域，以此达到雨水的充分利用。

在布局上，设计运用了自然保护区学中的圈层式保护模式，在公园外围设置绿化隔离带，屏蔽外围城市的干扰，并建立人工湿地缓冲区，通过适度的人工干预、人为引种，采取必要的生物和工程措施，构建生物多样性丰富的人工湿地系统。在环境容量允许的范围内，适度引入生态休闲活动，以提升场地整体的生态服务功能。人工湿地丰富的动植物群落，使其生态稳定性更强，有利于形成相对稳定的自循环系统。

项目根据水系规划和公园布局的不同，将天然湿地核心区的生境分为原水域生境、新增水域生境、间歇性生境和苇地生境四大类，并依据现状生境评价中的分级分类型评定结果和生态水网布局规划，制定天然湿地核心区的生境修复战略。

哈尔滨群力雨洪公园集观赏、休闲、科普教育等多功能于一体，结合海绵城市的理念，使昔日的湿地得到修复和提升，成为城市雨洪管理系统中的重要角色，同时为城市居民打造出舒适的休憩乐园，在湿地修复、城市雨洪管理和公园建设上获得了成功，目前已经成为国家城市湿地公园。

5.3.2　新加坡碧山宏茂桥公园加冷河生态改造

新加坡碧山宏茂桥公园加冷河生态改造（Ecological Renovation of Kallang River in Bishan Ang Mo Kio Park, Singapore）位于新加坡，占地面积约 63hm²，由安博戴水道主持设计，曾获得 2016 ASLA 通用设计荣誉奖（图 5-6）。为了解决场地原有基础设施老旧可能引发的安全隐患以及原设计年代久远，不能满足市民游客对景观需求这两大方面的问题，同时也为了响应新加坡 2006 年推出的活跃、美丽和干净的水计划（ABC 计划），项目选择在市民和游客中都很有人气的碧山宏茂桥公园作为场地，一方面将公园进行翻新，另一方面升级加固冷河的混凝土渠道，结合土壤生物工程技术，使碧山宏茂桥公园成为一个多样化的生物的良好栖息地，成为 ABC 方案的旗舰项目之一。

设计采用土壤生态工法技术进行河流堤岸的加固，将土木工程设计原理与植物和自然材料相结合，一方面创造出大量形态各异的微生境，增加生物多样性，使得场地具备动态演变和适应环境的能力，进行持续的自我修复和生长。另一方面它也具备建造成本低廉且维护经济、持久的优势。通过自然模拟的水利模型，项目在设计过程中有效地观测河流的动态变化，从而确定影响河流的关键位置，进而合理安排植物物种，更加有效地减少水流对河道的侵蚀。并在场地内部建立一个由自然生物构成的净化系统，在提供高效水质处理的同时维护了环境的景观性，在干燥季节，公园区域可以作为居民的休闲空间；而在湿润季节，公园区域则提供多样化的生境，从而实现对河岸区域的多重利用。

河岸公园区域和河流本身的动态结合，拉近了居民和自然环境的距离，在为居民提供了良好休闲性的自然景观的同时，也提高了公园区域对雨水的处理能力。这一生态基础设施，既为生物提供了多样化的生存环境，又激发了人们对河流的保护意识，提高了居民对环境的保护意识。以上特点使得这个公园成为将公园用作生态基础设施的的启发性案例。

图 5-6　新加坡碧山宏茂桥公园

1.入口（Entrance）　2.弹性河道（Throbbing River）　3.活动场地（Activity Venue）
4.亲水平台（Hydrophilic Platform）　5.生物净化池（Cleansing Biotope）

5.4　居住空间雨水景观案例分析

5.4.1　德国汉诺威康斯博格生态社区

　　德国汉诺威康斯博格生态社区（Hannover Kongsberg Ecological Community, Germany）位于德国萨克森州首府汉诺威市东南部，地理位置优越，项目占地面积约为 150hm² （图 5-7），从 20 世纪 60 年代开始就被列为城市发展的重点地段，州市政府讨论了多个规划方案，可直到以"人类—自然—技术"为主题的 2000 年汉诺威世界博览会举办，其才作为 2000 年汉诺威世界博览会的一部分，真正地实施和完成。

　　该设计体现了生态居住和建造的思想，无论

是规划还是施工阶段，始终将生态化列在首位，成为欧洲生态化居住的模范区。

　　其生态最佳化的主要措施包括：贯穿整个建造过程的对生态负责的土方管理、高能效的建筑方案与相应的质量保证监测、节电方案、区域供热系统、模范的废弃物管理理念、半天然雨水系统及饮用水节约的水概念。

　　该设计方案在考虑生态最佳化设计理念的同时，重视技术的适用性，不再追求片面的高技术。在达到建筑节能标准的同时，又实现了全方位的生态最佳化，并满足了人们心理和生活的需要，不仅为欧洲生态住宅小区的建设提供了蓝本，也为中国的可持续发展社区建设，特别是为一定生态区域内的社区建设提供了建设发展思路。

5.4.2　中国长沙中航山水间公园

中国长沙中航山水间公园（AVIC Shanshuijian Park, Changsha, China）位于湖南省长沙市雨花区时代阳光大道 489 号，是典型的中国高密度社区里的一块公共绿地，占地约 1.4hm²。项目旨在为新搬迁来的几千名住户提供室外活动的空间，而场地本身标高比四周低，且内部有大片的原有山林和一个池塘。

项目在生态性方面力求将雨水资源作为全园景观用水主要来源，在充分分析场地内土壤、植被、地表不透水状况、降雨量以及景观用水需求的基础上，设计了一套雨洪管理系统，综合应用诸如集水沟、滞留池和雨水花园等措施，使得雨水资源能够基本满足全园景观用水的需求，并在水量和水质两方面对流经全园的暴雨水径流进行管理和改善。滞留池与地下蓄水池的设置可滞留场地范围为集水区、重现期 100 年、降雨延时 1h 的短时暴雨水量，缓解市政排水压力。

山水间社区公园雨水循环利用系统包括主动式和被动式两类循环系统。主动式循环系统即首先通过地下蓄水设施收集来自汇水区的地表径流，进而先后流入雨水花园（rain garden）和由池塘改造成的滞留池（retention pond）中，最后再通过山脚的集水沟、蓄水池使径流循环流动。同时，设计运用了具有"参与性"的被动式循环系统，人们可以手动使用阿基米德取水器对滞留池进行抽水，水再流经雨水花园进行灌溉和净化，最后再回流至滞留池。

项目在尽量保护植被和满足人们使用要求的基础上，巧妙地将雨洪管理系统融入场地，在使用生态手段处理雨洪的同时，增强人们与整个系统的互动性。并且方案依据山势改造儿童活动场地，设计并制作了各种以昆虫形态为蓝本的互动雕塑和游乐设施，让前来玩耍的孩子们可以在学习雨洪相关知识的同时留下美好的回忆（图 5-8）。此外，方案引入都市农场的概念打造邻里会客厅，为业主营造出舒适的交流场所，享受美好社区生活。山水间公园区项目是对城市社区规划设计的一种探索、尝试与回归，同时也是对自然、生态、邻里互动生活理念的一种倡导。

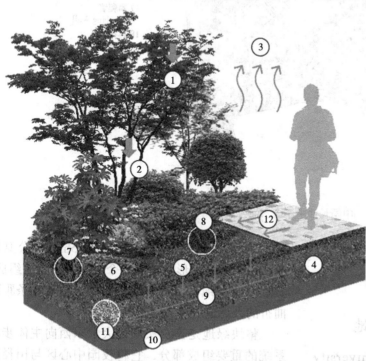

1. 树冠截留 Crown Interception
2. 降雨和树干径流 Throughfall and Stemflow
3. 蒸散 Evapotranspiration
4. 土壤水存储 Soil Water Storage
5. 土壤入渗 Soil Infiltration
6. 地表植被 Surface Vegetation
7. 有机物和堆肥 Organics and Compost
8. 土壤生物 Soil Life
9. 土壤中流 Interflow
10. 深层地下水 Deep Groundwater
11. 水质改善 Water Quality Improvement
12. 不透水表面和地表径流 Impermeable Surfaces and Surface Runoff

图 5-7　德国汉诺威康斯博格生态社区

雨水被导入覆盖植被的地表明沟中暂存，地表明沟收集的雨水经一层腐殖质渗入铺设砾石的地下管沟中，经过此层过滤，最终进入排水管道进入地下水中。多余雨水在极大程度延缓速度后，流经一道泄水闸进入泄水渠道，再流入蓄水区域和绿化带

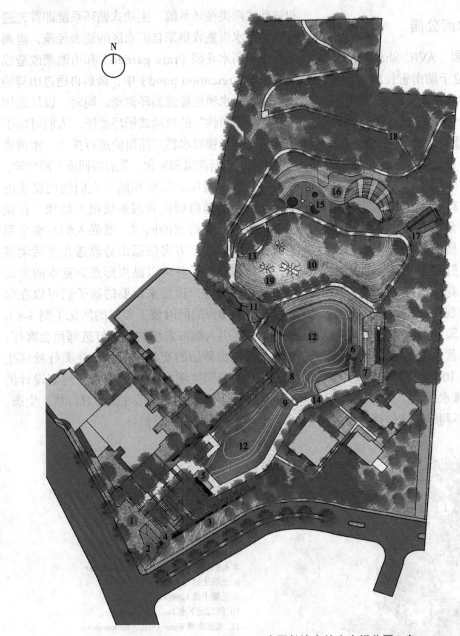

1.入口广场
Entry Plaza
2.互动水池
Lnteractive Shallow Pool
3.耐候钢水墙
Corten Steel Water Wall
4.残疾人坡道（带座椅）
Ada Ramp With Seats
5.观光广场
Sightseeing Plaza
6.雨水花园B
Rain Garden B
7.阿基米德花园
Archimedes Garden
8.湖畔休息区
Lakeside Resting Area
9.桥
Bridge
10.活动草坪
Activity Lawn
11.雨水花园A
Rain Garden A
12.生态滞留塘
Retention Pond
13.休息区
Resting Area
14.渗透混凝土路
Permeable Concrete Path
15.游乐场
Platground
16.木地毯
Wood Carpet
17.攀爬墙
Climbing Wall
18.林径
Forest Path
19.巨型蚂蚁雕塑
Giant Ant Sculpture

图 5-8　中国长沙中航山水间公园一角

5.5　校园绿地雨水案例分析

5.5.1　美国宾夕法尼亚大学休梅克绿地

美国宾夕法尼亚大学休梅克绿地（University of Pennsylvania-Shoemaker Green, Pennsylvania, U.S.A.）位于美国宾夕法尼亚大学历史上著名的田

径运动场中心区，是一处占地 2.75hm² 的公共绿地，由中央半圆形草坪和一个大型雨水花园组成，其边缘由精细石材修筑而成的挡土墙和几条雅致曲折的人行道所环绕（图 5-9）。

整块绿地是宾夕法尼亚大学东西向主体步行系统的重要组成部分，它将校园中心区与田径运动场连接起来，同时也是宾夕法尼亚大学校区向东扩建的重点区域。在该场地的边缘是宾夕法尼亚大学最具标志性的体育设施：菲尔德豪斯体育场和富兰克林运动场。

在这里，人与自然、历史与当代和谐完美地融合。通过对宾夕法尼亚大学传统景观材料及设计方法的延用，这块绿地自然地融入到原有校园环境系统中，使校园具有现代感，并且实现了有效扩展。设计完美巧妙，构思细腻，能够把中央一处方形地块中的绿色草坪空间和雨水花园系统完美地结合，并且舒适自然；同时维护了绿地环境，设计师充分考虑了当地植物的生长并给予适宜的生长空间。

通过景观塑造，使校园荒芜的一角焕然一新，成为校园中受学生欢迎的多功能绿地，同时加入雨水花园的生态理念，恢复了场地的生态性。

5.5.2　中国清华大学胜因院

中国清华大学胜因院（Tsinghua University Shengyin College，China）是老旧居住区雨水收集利用改造工程较为成功的范例。该项目位于清华大学胜因院内。胜因院建造历史悠久，文化底蕴浓厚，但在现代化城市建设中因周围地势抬高形成洼地，加之市政排水设施的缺乏，每逢雨季，这里往往形成严重的区域内涝。

该项目共占地 9640m²，在设计改造过程中，需综合考虑历史保护、景观营造与雨洪内涝解决等问题。项目方确定了以纪念、教育、雨水管控为核心主题，景观效果其次。

景观设计师综合考量，确定设立六处雨水花

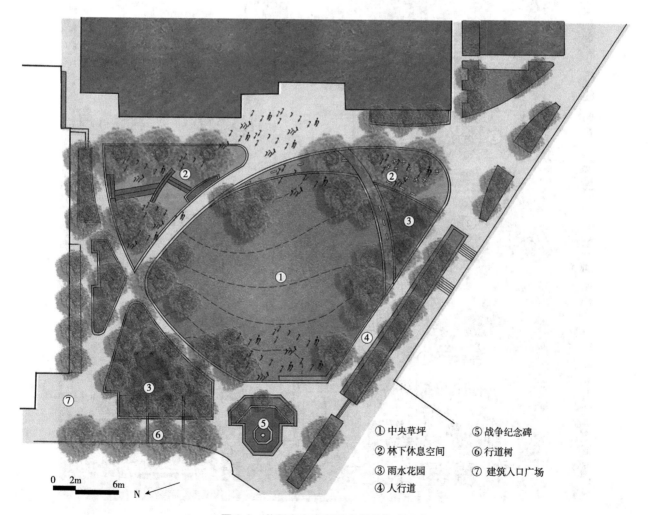

① 中央草坪　　　⑤ 战争纪念碑
② 林下休息空间　⑥ 行道树
③ 雨水花园　　　⑦ 建筑入口广场
④ 人行道

图 5-9　美国宾夕法尼亚大学休梅克绿地

园，通过高差关系，合理安排溢流口，以旱渠、植草沟相连接，形成联动系统。在每个雨水花园具体设计中，运用多种措施进行雨水的收集利用。例如，底部铺设鹅卵石以减轻雨水的冲刷；边缘主要采用石笼围合，增加雨水的过滤渗透；石笼缝隙中填充植物，使得设计更加自然化（图5-10）。

从竖向上看，胜因院东南高、西北低，雨水在场地东侧汇集后向西流动，最终从西北角流出。

由于此处汇水总量大且难排出，汛期往往导致雨水积涝。基于此处现状，结合绿地布局考虑，地势最低的25、26、29、30号建筑被划入同一汇水分区，应当采取更有力的雨洪管理措施。

在改造完成后，这块场地成为周边颇具人气的场所，深受人们喜爱。它向人们介绍着雨水花园，让人更清晰地了解雨水收集利用的过程，起到教育示范的作用。

图5-10 中国清华大学胜因院改造（刘海龙等，2014）

5.6 其他雨水景观案例分析

5.6.1 中国东莞万科建研中心

中国东莞万科建研中心（Dongguan Vanke Construction Research Center，Guangzhou，China）位于广东东莞，项目面积约 18 519m²（图 5-11），曾获 2014 ASLA 综合设计类荣誉奖。

设计将两块小场地设置为"波形花园"：波形地形控制雨水运动；表面草坪吸收部分雨水；场地树木树冠结合地形创造不同渗透能力；场地坡度可控以实现最合适的雨水流量控制；场地内部设置两个同心的四分之一圆形，圆形中分同心环，不同的环间填充不同的材质作基质，以测得不同时段时最宜渗透率，环端部设有填充碎石的小渠储存流出的水，借此可以清楚看到不同材质的渗透率。

在相对地面 –1.0m 的高差上，设置容量达到 300m³ 的中央水池，收集来自雨水管网的水。同时设置风车，把水池中的水抽送到屋顶花园，流经屋顶花园的阶式湿地、瀑布、生态草沟后返回中央水池。

为达到持续的低成本维护，选择了预制混凝土（PC 材料）作为园路的主材料。它光洁平整，表面密度合适，滞留污物少，雨水下渗快。

植物材料的选择则基于本土、抗污染能力强和低成本维护三个原则，选择以枫树、香樟、竹子为主要建园植物，同时结合本土灌木、花卉、草种进行设计。

该项目不仅是一个体验式景观可实施性的样板设计，更是把应用多种生态技术的景观付诸实践的先锋。

5.6.2 中国秦皇岛海滨生态恢复项目

中国秦皇岛海滨生态恢复项目（The Qinhuangdao Beach Restoration，China）位于河北省秦皇岛市渤海海岸，长 6.4km，面积为 60km²（图 5-12）。由于原场地生态环境遭严重破坏，沙滩侵蚀、植被退化，且因过度开发破坏了海边湿地，故项目旨在恢复受损的自然环境，重现景观之美。

设计将场地分为三个片区：

一区主要运用木栈道作为生态修复策略。木栈道位于多风的海岸，绵延 5km，将各种适应场地环境的植物群落连接在一起；同时它也作为一种极好的土壤保护设施，保护海岸免遭侵蚀；木栈道采用生态友好的玻璃纤维基础，能平稳立于在沙丘和湿地之上，可中空，也可以事先填满沙子，安装简易，环境影响低；各类休息设施（休息亭）等和环境解说系统依木栈道而设。

二区采用湿地恢复与博物馆建设相结合的方式。中心区原为退化的湿地，废弃物遍地，生态修复需求强烈。设计师在此处新建一座作为教育设施的湿地博物馆；建筑废墟周围建成了泡泡来收集雨水，从而让湿地植物和动物群落得以生长，并能吸引鸟类觅食；同时，设计了组合式的建筑及环境，将湿地博物馆延伸进湿地，与景观融为一体。

三区则设置了点状岛屿和生态友好的碎石堤岸。拆除了原有区域内的水泥堤岸，用环境友好的碎石取而代之，同时修建一条木栈道取代硬质铺装，选用当地的地被植物来绿化木栈道沿线的地面。此外，在湖心建设九个绿岛以丰富单调的水面，并为鸟类休憩和筑巢提供场地。

从总体上看，整个项目师法自然，以恢复自然演变动态平衡为目标，提出了"覆植沙丘—滩肩补沙—人工沙坝—离岸潜堤"的海滩静态平衡修复模式：在海滩后滨设计沙丘，种植固沙植被，形成生态海堤；构建人工沙坝，营造海滩沙源引擎；同时与离岸潜堤共同起到消浪作用，构建了静态平衡海滩，形成了健康的海岸生境系统。通过透水潜没式人工岬头并预留潮汐通道，保证水体交换能力，降低水质恶化和藻华现象暴发概率。通过人工沙坝和离岸潜堤的组合应用及合理设计，降低海滩修复中产生侵蚀热点、裂流等典型生态安全问题的概率。

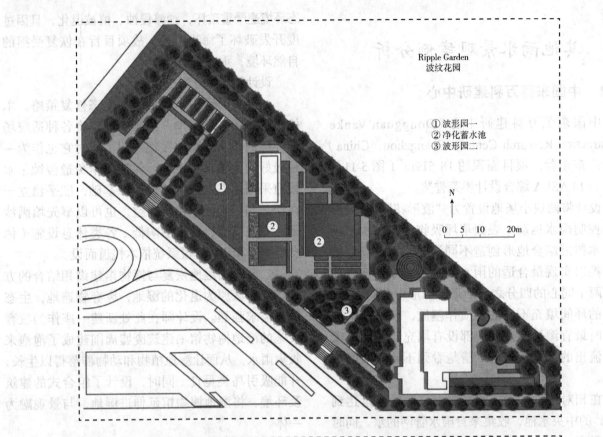

Ripple Garden
波纹花园

① 波形园一
② 净化蓄水池
③ 波形园二

N

0 5 10 20m

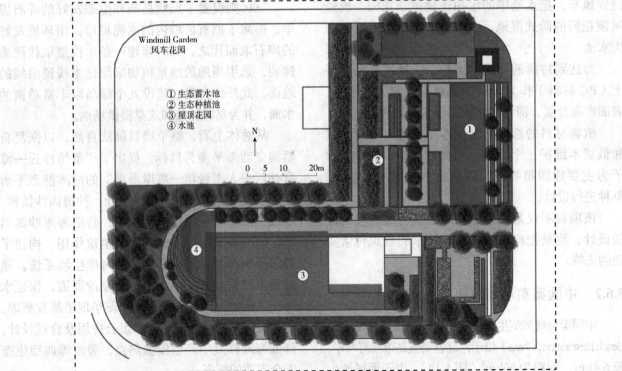

Windmill Garden
风车花园

① 生态蓄水池
② 生态种植池
③ 屋顶花园
④ 水池

N

0 5 10 20m

图 5-11 中国东莞万科建研中心

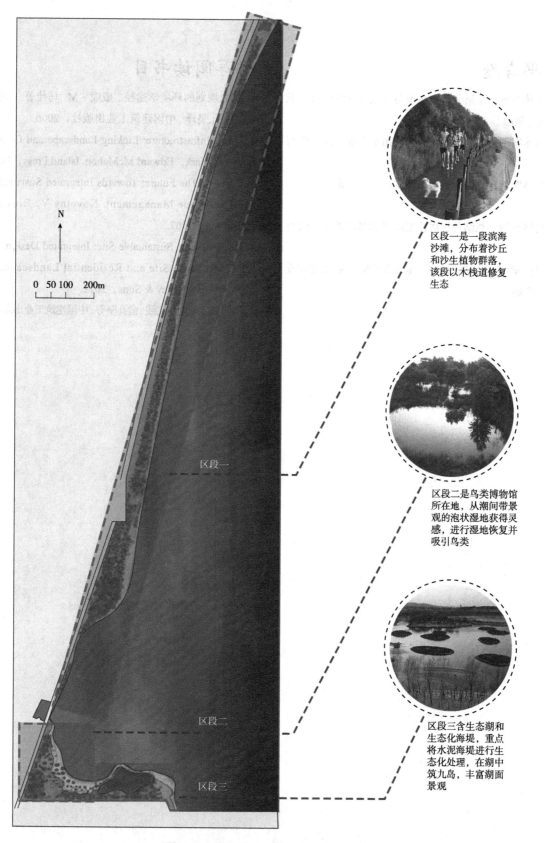

区段一是一段滨海沙滩,分布着沙丘和沙生植物群落,该段以木栈道修复生态

区段二是鸟类博物馆所在地,从潮间带景观的泡状湿地获得灵感,进行湿地恢复并吸引鸟类

区段三含生态湖和生态化海堤,重点将水泥海堤进行生态化处理,在湖中筑九岛,丰富湖面景观

图 5-12 中国秦皇岛海滨生态恢复项目

复习思考题

1. 结合具体案例，总结分析在城市与区域尺度的雨水景观设计方法与策略。

2. 结合具体案例，总结分析公共空间雨水景观设计方法与策略。

3. 结合具体案例，总结分析城市公园雨水景观设计方法与策略。

4. 结合具体案例，总结分析居住空间雨水景观设计方法与策略。

5. 结合具体案例，总结分析校园绿地等空间的雨水景观设计方法与策略。

推荐阅读书目

1. 景观规划的环境学途径. 威廉·M. 马什著. 朱强，黄丽玲，俞孔坚译. 中国建筑工业出版社，2006.

2. Green Infrastructure: Linking Landscape and Communities. Benedict Mark，Edward McMahon. Island Press，2006.

3. Cities of The Future: Towards Integrated Sustainable Water and Landscape Management. Novotny V，Brown P. IWA Publishing，2007.

4. Designing the Sustainable Site: Integrated Design Strategies for Small Scale Site and Residential Landscape. Heather Venhaus. John Wiley & Sons，2012.

5. 海绵城市理论与实践. 俞孔坚等. 中国建筑工业出版社，2017.

参考文献

阿达莱提·塔伊尔，2007．新疆坎儿井研究综述 [J]．西域研究，4（1）：111-115．

毕桂平，陈嫣，徐存福，等，2016．城镇化大背景下的海绵城市建设与资源协调发展——以上海市海绵城市的建设途径为例 [J]．上海城市管理（1）：24-26．

曹韵，2012．美国地方气候行动计划中的雨洪管理工具研究 [D]．武汉：华中科技大学．

岑国平，沈晋，范荣生，1998．城市设计暴雨雨型研究 [J]．水科学进展（1）：42-47．

常胜昆，2011．基于商业软件的排水管网系统建模技术研究 [D]．北京：北京工业大学．

陈跃中，唐艳红，2011．生态水景——规划设计是关键 [J]．中国园林（10）：34-37．

陈云文，2014．中国风景园林传统水景理法研究 [D]．北京：北京林业大学．

褚丽梦，2018．中国传统园林中的偏倚视景现象研究 [D]．洛阳：河南农业大学．

杜春兰，杨黎潇，2018．以文说园——从中国园记看唐宋园林理水特征 [J]．建筑与文化（7）：119-121．

凡德，耿润哲，欧洋，等，2013．最佳管理措施评估方法研究进展 [J]．生态学报（5）：1357-1366．

费文君，徐畅，2020．中国园林理水文化艺术在现代景观设计中的"传"与"承" [J]．艺术百家（2）：200-204，215．

付彦荣，2012．中国的绿色基础设施——研究和实践 [A] // IFLA 亚太区、中国风景园林学会、上海市绿化和市容管理局．2012 国际风景园林师联合会（IFLA）亚太区会议暨中国风景园林学会 2012 年会论文集（下册）[C]．IFLA 亚太区、中国风景园林学会、上海市绿化和市容管理局：中国风景园林学会．

干有成，2012．略谈金川河古今 [J]．长江文化论丛（00）：178-189．

高大伟，张龙，杨菁，等，2019．中国历史园林及其生态文化的普世价值 [J]．生态文明世界（2）：42-53．

顾晶，2014．城市水利基础设施的景观化研究与实践 [D]．杭州：浙江农林大学．

顾倩毓，2020．西方古典园林水景研究 [D]．哈尔滨：东北林业大学．

何聪，汪鹏飞，2011．都江堰的水利水害治理 [J]．农家科技（S1）：72．

胡坤，2009．城市区域内雨水水质评价及其利用研究 [D]．哈尔滨：哈尔滨工业大学．

胡萍，2017．基于模型分析构建城市排涝方案 [D]．西安：西安建筑科技大学．

胡文英，2009．元阳哈尼梯田景观格局及其稳定性研究 [D]．昆明：昆明理工大学．

胡应均，王家卓，范锦，2015．关于城市水系规划的探讨 [J]．中国给水排水（4）：42-44，57．

黄静，2013．城市水景观体系规划研究 [D]．南京：南京林业大学．

黄奕龙，傅伯杰，陈利顶，2003．生态水文过程研究进展 [J]．生态学报（3）：580-587．

霍锐，2011．中国传统自然式园林与西方传统规则式园林理水的比较研究 [D]．北京：北京林业大学．

姜之未．2016．基于低影响开发模式的城市公园绿地雨水管理措施设计研究 [D]．成都：四川农业大学．

蒋涤非，邱慧，易欣，2014．城市雨水资源化的景观学途径及其综合效益评价 [J]．资源科学（1）：65-74．

角媛梅，1999．哈尼梯田文化生态系统研究 [J]．人文地理（S1）：56-59．

角媛梅，程国栋，肖笃宁，2002．哈尼梯田文化景观及其保护研究 [J]．地理研究（6）：733-741．

金云峰，彭茜，沈洁，2018．海绵城市中绿色基础设施建设与人的审美认识研究 [J]．中国城市林业（4）：12-16．

康宏志，郭祺忠，练继建，2017．海绵城市建设全生命周期效果模拟模型研究进展 [J]．水力发电学报（11）：82-93．

孔繁恩，刘海龙，2018．现代风景园林视角下对于中国古代园林理水科学特性的思考 [J]．西部人居环境学刊（5）：64-68．

李兵，2015．基于"海绵城市"理念的雨水渗蓄试验研究 [J]．中国市政工程（6）：73-75．

李黄山，2013．中国古典园林理水艺术及其应用研究 [D]．郑洲：河南大学．

李辉，李娜，俞茜，等，2017．海绵城市建设基本原则及灰色与绿色结合的案例浅析 [J]．中国水利水电科学研究院学报（1）：1-9．

李俊奇，吴婷，2018．太湖流域塘浦圩田水利体系对海绵城市建设的启示 [J]．给水排水（8）：48-52．

李可可，黎沛虹，2004．都江堰——我国传统治水文化的璀璨明珠 [J]．中国水利（18）：75-78，11．

李楠，杜鹏飞，秦成新，2015．国内外海绵城市 /LID 设计目标、指标控制、技术应用综述 [A] // 中国环境科学学会（Chinese Society for Environmental Sciences）．2015 年中国环境科学学会学术年会论文集 [C]．中国环境科学学会（Chinese Society for Environmental Sciences）：中国环境科学学会．

李晓宇，2020．基于大排水系统构建的城市竖向规划研究 [D]．北京：北京建筑大学．

李奕成，朱南燕，李子杰，等，2019．中国传统画水论与造园理水实践比照研究 [J]．西南大学学报（自然科学版）（1）：130-136．

李跃，2020．中国古典园林水景观营造研究 [J]．现代园艺（17）：141-143．

刘宝宝，2016．基于 GIS 技术下的城市雨水景观探索 [D]．西安：西安建筑科技大学．

刘菲，2017．基于低影响开发理念的水域空间城市设计方法研究 [D]．天津：河北工业大学．

刘冠美，2013．中西水工程文化内涵比较初探 [J]．华北水利水电学院学报（社会科学版）（3）：8-12．

刘玮，2018．中国古典园林理水艺术在现代公园景观设计中的应用研究 [D]．沈阳：沈阳建筑大学．

刘文，陈卫平，彭驰，2015．城市雨洪管理低影响开发技术研究与利用进展 [J]．应用生态学报（6）：1901-1912．

刘毅娟，2005．斯土斯景 [D]．清华大学．

栾博，柴民伟，王鑫，2017．绿色基础设施研究进展 [J]．生态学报（15）：5246-5261．

毛剑东，2018．基于多源信息的城市雨洪模拟系统研究 [D]．南京：东南大学．

蒙小英，张红卫，孟璠磊，2009．雨水基础设施的景观化与造景系统 [J]．中国园林（11）：31-34．

孟凡德，耿润哲，欧洋，等，2013．最佳管理措施评估方法研究进展 [J]．生态学报（5）：1357-1366．

孟亚明，于开宁，2008．浅谈水文化内涵、研究方法和意义 [J]．江南大学学报（人文社会科学版）（4）：63-66．

孟原旭，王琛，2013．基于绿色基础设施的绿地系统规划方法探析 [J]．规划师（9）：57-62．

聂呈荣，黎华寿，2001．基塘系统：现状、问题与前景 [J]．佛山科学技术学院学报（自然科学版）（1）：49-53．

曲卓雅，2015．城市街区尺度下雨水在景观设计中的应用研究 [D]．沈阳：沈阳建筑大学．

沈萍，史倩云，2020．现代景观对古典园林"理水"的创新 [J]．美与时代（上）（4）：25-27．

石秋池，2005．欧盟水框架指令及其执行情况 [J]．中国水利（22）：66-67，53．

宋晓猛，张建云，王国庆，等，2014．变化环境下城市水文学的发展与挑战——Ⅱ．城市雨洪模拟与管理 [J]．水科学进展（5）：752-764．

孙艳伟，魏晓妹，POMEROY C A，2011．低影响发展的雨洪资源调控措施研究现状与展望 [J]．水科学进展（2）：287-293．

谭术魁，张南，2016．中国海绵城市建设现状评估——以中国 16 个海绵城市为例 [J]．城市问题（6）：98-103．

唐田，2016．海绵城市理念下的城市绿地系统研究 [D]．青岛：青岛理工大学．

汪霞，2006．城市理水——基于景观系统整体发展模式的水域空间整合与优化研究 [D]．天津：天津大学．

王蓓，2018．苏南及上海地区海绵城市园林植物应用研究 [D]．南京：南京农业大学．

王虹，李昌志，李娜，等，2016．绿色基础设施构建基本原则及灰色与绿色结合的案例分析 [J]．给水排水（9）：50-55．

王惠琼，2015．穆斯林聚居区风貌特色的绿色基础设施实现途径研究 [D]．武汉：华中农业大学．

王建龙，车伍，易红星，2009．基于低影响开发的城市雨洪控制与利用方法 [J]．中国给水排水（14）：6-9，16．

王建平，2015．海绵城市建设与城市水污染治理职责——以我国《环境保护法》第 2 条效用性为视角 [J]．江苏大学学报（社会科学版）（5）：66-70．

王景，2015．基于低影响开发（LID）理念的城市公园规划设计研究 [D]．成都：四川农业大学．

王水浪，2010．城市园林中的雨水利用探讨 [D]．杭州：浙江大学．

王思思，张丹明，2010．澳大利亚水敏感城市设计及启示 [J]．中国给水排水（20）：64-68．

王通，2013．城市规划视角下的中国城市雨水内涝问题研究 [D]．武汉：华中科技大学．

王通，蔡玲，2015．低影响开发与绿色基础设施的理论辨析 [J]．规划师（S1）：323-326．

王晗月，2019．中国古代陂塘系统及其与城市的关系研究 [D]．北京：北京林业大学．

王雨婷，2019．浅析中国古典园林理水和堆土叠石艺术——以瘦西湖、个园、瞻园为例 [J]．大众文艺（6）：101．

王玉玖，2000．苏州古代园林布局理法的探讨 [D]．北京：北京林业大学．

魏依柯，陈前虎，2020．国际视野下的可持续雨洪管理政策研究——基于美国、英国和中国的比较 [J]．国际城市规划，1-15．

乌艳飞，2011．园林水景与植物配置设计探讨 [D]．杨凌：西北农林科技大学．

吴峰，2010．中国传统造园思想对当代城市景观设计的启示 [D]．景德镇：景德镇陶瓷大学．

吴海瑾，翟国方，2012．我国城市雨洪管理及资源化利用研究 [J]．现代城市研究（1）：23-28．

吴军，2018．虽由人作，宛自天开——苏州古典园林理水和中国传统生态智慧 [J]．中外建筑（11）：33-34．

吴其付，李小波，2007．丽江古城城市格局三元论及其文化透视 [J]．城市发展研究（1）：97-100．

吴庆洲，李炎，吴运江，等，2020．赣州古城理水经验对海绵城市建设的启示 [J]．城市规划（3）：84-92，101．

吴婷，2018．基于水文化传承的海绵城市规划研究 [D]．北京：北京建筑大学．

吴伟，付喜娥，2009．绿色基础设施概念及其研究进展综述 [J]．国际城市规划（5）：67-71．

武静，2019．论《园冶》中水景设计理法 [J]．城市建筑（12）：105-106．

谢雨航，2017．基于 PSIR 框架的海绵城市规划指标体系构建 [D]．武汉：武汉大学．

徐海顺，2014．城市新区生态雨水基础设施规划理论、方法与应用研究 [D]．上海：华东师范大学．

徐海顺，张青萍，曹天鸣，等，2017．基于"天·地·城·水"的海绵城市水文生态过程空间模拟研究 [J]．现代城市研究（7）：2-8．

徐巍，2013．道家"天人合一"思想对古典园林山水布局的影响研究 [D]．哈尔滨：东北林业大学．

徐彦俐，尹贵俭，2011．园林中的生命之美——析中国古典园林中的山水精神 [J]．北华航天工业学院学报（5）：33-35．

薛丰昌，盛洁如，钱洪亮，2015．面向城市平原地区暴雨积涝汇水区分级划分的方法研究 [J]．地球信息科学学报（4）：462-468．

杨博文，2019．西方古典园林景观空间地形营造研究 [D]．哈尔滨：东北林业大学．

杨丹琦，2017．建成环境中河网水体的海绵效应研究 [D]．南京：东南大学．

杨建辉，2020．晋陕黄土高原沟壑型聚落场地雨洪管控适地性规划方法研究 [D]．西安：西安建筑科技大学．

杨青娟，罗斯·艾伦，梅瑞狄斯·多比，2016．风景园林学在海绵城市构建中的角色研究——以澳大利亚墨尔本为例 [J]．中国园林（4）：74-78．

姚亦锋，2009．南京城市水系变迁以及现代景观研究 [J]．城市规划（11）：39-43．

应君，张青萍，王末顺，等，2011．城市绿色基础设施及其体系构建 [J]．浙江农林大学学报（5）：805-809．

于东飞，乔木，2018．依据 ASLA 获奖项目的城市雨水景观规划思路分析 [J]．中国园林（9）：94-99．

袁媛，2016．基于城市内涝防治的海绵城市建设研究 [D]．北京：北京林业大学．

恽晔，2019．常州市海绵城市建设技术模式研究 [D]．南京：东南大学．

张钢，2010．雨水花园设计研究 [D]．北京：北京林业大学．

张婧，2010．基于气候变化的雨水花园规划研究 [D]．哈尔滨：哈尔滨工业大学．

张娟，2011．中日古典园林理水艺术的特色及其比较 [D]．苏州：苏州大学．

张文慧，2013．雨水和再生水资源化在绿色基础设施中的应用研究 [D]．南京：南京林业大学．

张雅卓，2020．多学科视角下的我国古代城市理水观 [J]．天津大学学报（社会科学版）（5）：453-457．

张园，于冰沁，车生泉，2014．绿色基础设施和低冲击开发的比较及融合 [J]．中国园林（3）：49-53．

张祯祯，刘永，钱玲，等，2013．非点源污染最佳管理措施及模拟优化研究进展 [J]．中国给水排水（12）：5-10．

郑曦，孙晓春，2009．《园冶》中的水景理法探析 [J]．中国园林（11）：20-23．

周均平，2003．"比德""比情""畅神"——论汉代自然审美观的发展和突破 [J]．文艺研究（5）：51-58．

周维权，2008．中国古典园林史 [M]．3 版．北京：清华大学出版社．

周雪莲，2017．建成环境下海绵城市适宜技术研究 [D]．南京：东南大学．

周雅，2014．道家思想与建筑环境营造研究 [D]．天津：天津大学．

朱俊华．夏热冬冷地区湖泊湿地型城市水环境规划策略研究 [D]．武汉：华中科技大学．

朱琳，2018．"源于自然却又高于自然"——中国传统园林的生态智慧表达探讨 [J]．工业设计（3）：73-74．

CHARLESWORTH S，WARWICK F，LASHFORD C，2016．Decision—making and sustainable drainage：design and scale[J]．Sustainability（8）：782．

COX M E，HILLIER J，FOSTER L，et al．，1996．Effects of a rapidly urbanising environment on groundwater，Brisbane，Queensland，Australia[J]．Hydrogeology journal（1）：30-47．

DU W，FITZGERALD G J，CLARK M，et al．，2010．Health impacts of floods[J]．Prehospital and disaster medicine（3）：265-272．

KENNEDY J，HAAS P，EYRING B，2011．Measuring the economic impacts of greening：the center for neighborhood technology green values calculator[M]．Growing Greener Cities：Urban Sustainability in the Twenty．

MARLOW D R，MOGLIA M，COOK S，et al．，2013．Towards sustainable urban water management：a critical reassessment[J]．Water Research（20）：7150-7161．

MORRIS Z B，MALONE S M，COHEN A R，et al．，2018．Impact of low—impact development technologies from an ecological perspective in different residential zones of the city of Atlanta，Georgia[J]．Engineering（2）：194-199．

SAULNIER D D，RIBACKE K B，VON SCHREEB J，2017．No calm after the storm：a systematic review of human health following flood and storm disasters[J]．Prehospital and disaster medicine（5）：568-579．

WISE S，2008．Green infrastructure rising：best practice in stormwater management[J]．Planning（8）：14-19．

附录：相关法律法规、标准、规范等

《中华人民共和国防洪法》（2016 年修正）

《中华人民共和国水污染防治法》（2017 年修正）

《中华人民共和国城乡规划法》（2019 年修正）

《国务院办公厅关于推进海绵城市建设的指导意见》（2015 年 10 月）

《地表水环境质量标准》GB 3838—2002

《城市水系规划规范》GB 50513—2009（2016 年版）

《雨水集蓄利用工程技术规范》GB/T 50596—2010

《城市污水再生利用 绿地灌溉水质》GB/T 25499—2010

《蓄滞洪区设计规范》GB 50773—2012

《城市防洪工程设计规范》GB/T 50805—2012

《防洪标准》GB 50201—2014

《绿色建筑评价标准》GB/T 50378—2019

《建筑与小区雨水控制及利用工程技术规范》GB 50400—2016

《城市排水防涝设施数据采集与维护技术规范》GB/T 51187—2016

《地下水质量标准》GB/T 14848—2017

《城镇内涝防治技术规范》GB 51222—2017

《城市排水工程规划规范》GB 50318—2017

《海绵城市建设评价标准》GB/T 51345—2018

《城市污水再生利用 景观环境用水水质》GB/T 18921—2019

《城市污水再生利用 城市杂用水水质》GB/T 18920—2020

《室外排水设计标准》GB 50014—2021

《国家湿地公园建设规范》LY/T 1755—2008

《种植屋面工程技术规程》JGJ 155—2013

《城市绿地分类标准》CJJ/T 85—2017

《海绵城市建设国家建筑标准设计体系》（2016 年 1 月）

《海绵城市建设评价标准》（2018 年 12 月）

《城市暴雨强度公式编制和设计暴雨雨型确定技术导则》（2014 年 4 月）

《海绵城市建设技术指南——低影响开发雨水系统构建（试行）》（2014 年 10 月）

《海绵城市建设绩效评价与考核办法（试行）》（2015 年 7 月）

《海绵城市绿地规划设计导则》（2015 年 10 月）

《海绵城市建设国家建筑标准设计图集》（中国建筑标准设计研究院，部分已出版）

  《02S515、02（03）S515：排水检查井》

  《04S516：混凝土排水管道基础及接口》

  《04S520：埋地塑料排水管道施工》

《04S803：圆形钢筋混凝土蓄水池》

《05S804：矩形钢筋混凝土蓄水池》

《08S305：小型潜水排污泵选用及安装》

《09S302：雨水斗选用与安装》

《09SMS202—1：埋地矩形雨水管道及其附属构筑物（混凝土模块砌体）》

《10SMS202—2：埋地矩形雨水管道及其附属构筑物（砖、石砌体）》

《10SS705：雨水综合利用》

《12S522：混凝土模块式排水检查井》

《14J206：种植屋面建筑构造》

《15J012—1：环境景观—室外工程细部构造》

《15S412：屋面雨水排水管道安装》

《15SS510：绿地灌溉与体育场地给水排水设施》

《15MR105：城市道路与开放空间低影响开发雨水设施》

《15MR205：城市道路——环保型道路路面》

《16S518：雨水口》

《16MR204：城市道路——透水人行道铺设》

《14S501—1~2：单层、双层井盖及踏步》